“十四五”时期国家重点出版物出版专项规划项目

非线性发展方程动力系统丛书 1

散焦 NLS 方程的大时间渐近性和孤子分解

范恩贵　王兆钰　著

科学出版社

北　京

内 容 简 介

本书以反散射理论、Riemann-Hilbert (RH)方法和非线性速降法为工具，系统分析散焦 NLS 方程在有限密度初值下解的长时间渐近性和孤子分解，主题部分取材于 Cuccagna, Jerkins 和作者最新研究成果. 内容主要包括散焦 NLS 方程初值的 RH 问题表示、RH 问题的可解性、在孤子区域中的孤子分解和在无孤子区域中的长时间渐近性.

本书可作为数学系、物理系研究生学习微分方程渐近分析的教学参考书，也可作为有关从事相关研究的科技工作者的实用参考书.

图书在版编目（CIP）数据

散焦 NLS 方程的大时间渐近性和孤子分解/范恩贵，王兆钰著. —北京：科学出版社，2023.3
(非线性发展方程动力系统丛书; 1)
ISBN 978-7-03-075090-7

Ⅰ. ①散… Ⅱ. ①范… ②王… Ⅲ. ①非线性-薛定谔方程-研究 Ⅳ. ①O175.24

中国版本图书馆 CIP 数据核字（2023）第 041777 号

责任编辑：李 欣 贾晓瑞 / 责任校对：彭珍珍
责任印制：赵 博 / 封面设计：无极书装

科学出版社 出版
北京东黄城根北街 16 号
邮政编码：100717
http://www.sciencep.com
北京中石油彩色印刷有限责任公司印刷
科学出版社发行 各地新华书店经销
*
2023 年 3 月第 一 版 开本：720×1000 1/16
2025 年 1 月第二次印刷 印张：8
字数：161 000

定价：68.00 元

（如有印装质量问题，我社负责调换）

“非线性发展方程动力系统丛书”序

科学出版社出版的“纯粹数学与应用数学专著丛书”和“现代数学基础丛书”都取得了很好的效果, 使广大青年学子和专家学者受益匪浅.

“非线性发展方程动力系统丛书”的内容是针对当前非线性发展方程动力系统取得的最新进展, 由该领域处于第一线工作并取得创新成果的专家, 用简明扼要、深入浅出的语言描述该研究领域的研究进展、动态、前沿, 以及需要进一步深入研究的问题和对未来的展望.

我们希望这一套丛书能得到广大读者, 包括大学数学专业的高年级本科生、研究生、青年学者以及从事这一领域的各位专家的喜爱. 我们对于撰写丛书的作者表示深深的谢意, 也对编辑人员的辛勤劳动表示崇高的敬意, 我们希望这套丛书越办越好, 为我国偏微分方程的研究工作作出贡献.

郭柏灵

2023 年 3 月

前　　言

反散射理论产生于 20 世纪 60 年代, 被认为是 20 世纪数学重大成就之一, 也是可积系统里程碑性工作. 之后, 在经典反散射理论基础上, 陆续发展了多种有效方法, 如代数几何法、Riemann-Hilbert(RH) 方法、非局部 RH 方法、穿衣法、Fokas 统一方法等, 这些方法除了在离散谱上构造精确解, 还可在连续谱上用于分析非线性可积方程的长时间渐近性、孤子解的渐近稳定和孤子分解等.

近年来, 复旦大学博士研究生在反散射理论方面开展了一系列研究. 为推动我国在这方面的研究和发展, 2022 年, 第一作者在科学出版社出版了著作《可积系统、正交多项式和随机矩阵——Riemann-Hilbert 方法》, 该书是自封性强和系统完整的渐近分析方面的学习资料. 本书则重点放在渐近分析的前沿性、数学工具的先进性和技巧性. 按照知识点和叙述的前后顺序考虑, 全书分为五章, 主要内容如下:

第 1 章, 非线性 NLS 方程是数学物理中的基本方程, 无论在物理还是数学上, 研究成果非常丰富, 这里我们只介绍与本书相关的渐近分析方面的研究概况和最新进展.

第 2 章, 研究正散射变换, 基于 NLS 方程的 Lax 对, 研究初值所对应的特征函数的存在性、解析性和对称性, 由此定义散射数据, 并进一步分析散射数据的解析性、对称性和零点分布情况.

第 3 章, 研究反散射变换, 将 NLS 方程有限密度的初值问题转化为 RH 问题, 并进一步利用消失引理证明了所构造 RH 问题的可解性.

第 4 章, 根据相位点在实轴上的分布情况, 将渐近区域分成孤子和无孤子两类区域, 详细分析 NLS 方程初值问题在孤子区域中的渐近性, 并给出 NLS 方程 N-孤子解的渐近稳定性和孤子分解.

第 5 章, 利用 $\bar{\partial}$-速降法, 详细分析 NLS 方程初值问题解在无孤子区域中的长时间渐近性.

最后, 感谢中国工程物理研究院郭柏灵院士对作者从事 RH 问题及其应用研究工作的肯定和支持, 并邀请作者撰写本书; 感谢可积系统领域各位专家学者对作者多年来的支持和帮助; 感谢国家自然科学基金和教育部博士点基金对作者研究工作的支持; 感谢科学出版社李欣编辑对本书出版所付出的辛勤工作.

范恩贵　王兆钰
2022 年 10 月于复旦大学

目　录

第 1 章　绪　　论

非线性 Schrödinger (NLS) 方程是光纤、生物学、物理、力学等很多领域的基本模型之一, 在诸多领域有重要应用 [1-6]. NLS 方程在 Sobolev 空间 $L^2(\mathbb{R})$ 和 $H^s(\mathbb{R})$, $s>0$ 中的整体适定性由 Tsutsumi 和 Bourgain 分别证明 [7,8]. 1971 年, 苏联数学物理学家 Zakharov 和 Shabat 发现 NLS 方程的 Lax 对, 并将反散射方法推广到 NLS 方程的初值问题 [9]. 反散射方法的发现是孤子理论中的里程碑性工作, 对数学和物理诸多领域产生了深远影响, 经典反散射方法已经成为求解可积系统初值问题的成熟方法, 目前已经发现一大类非线性方程的初值问题都可以用反散射方法解决 [10-18]. Riemann-Hilbert (RH) 问题是著名数学家 Hilbert 在国际数学家大会上提出的 23 个著名问题的第 21 个问题, 这 23 个问题涉及现代数学大部分重要领域, 对 20 世纪数学发展产生了深远的影响. 20 世纪 70 年代, Zakharov 和 Shabat 首先将可积系统与 RH 问题联系起来, 发展了求解可积系统的 RH 方法 [19,20]. 作为现代版本的反散射理论, 目前 RH 方法已被广泛应用于构造可积系统的精确解 [21-32,37].

20 世纪 60 年代, Zabusky 和 Kruskal 观察到当时间很大时, KdV 方程的解分解为有限孤子 [33], 人们相信一般色散方程在大时间下都具有这种共性, 数学上称为孤子分解猜想, 孤子分解是指当时间趋于无穷远时, 方程的解分解为有限个孤子和色散部分两部分. 孤子分解猜想是近年来国际上热门的研究领域, 受到菲尔兹奖获得者 Tao 等著名数学家的关注 [34-36].

本书考虑散焦 NLS 方程在非零边界下初值问题

$$iq_t + q_{xx} - 2(|q|^2 - 1)q = 0, \tag{1.0.1}$$

$$q(x,0) = q_0(x), \quad \lim_{x\to\pm\infty} q_0(x) = \pm 1. \tag{1.0.2}$$

这是一个重要的物理模型, 曾被著名数学家 Faddeev 等研究 [14]. 我们从可积系统角度, 系统完整地研究上述初值问题 (1.0.1)-(1.0.2) 解的大时间渐近性和孤子分解性质. 为此, 首先回顾散焦 NLS 方程在渐近分析方面的发展概况.

1976 年, 对于 Schwartz 空间 $\mathcal{S}(\mathbb{R})$ 中的初值, Zakharov 和 Manakov 首先利用反散射方法获得了散焦 NLS 方程的如下大时间渐近性 [38]

$$q(x,t) = t^{-1/2} h(x/t) e^{\frac{ix^2}{4t} \pm 2i|h(x/t)|^2 \log t} + \mathcal{O}(t^{-3/2}),$$

其中 $h(x)$ 为任意函数.

1981 年, Its 提出稳态相位点方法并用于研究 NLS 方程的大时间渐近性 [39].

1993 年, Deift 和 Zhou 发展了研究振荡 RH 问题的非线性速降法, 严格分析了 mKdV 方程在 Schwartz 初始数据下的大时间渐近性 [40]. 这种方法被认为是 20 世纪 90 年代反散射理论的重大突破, 也称 Deift-Zhou 速降法, 已被广泛应用于可积系统初值问题大时间渐近性分析 [41-51].

1994 年, 在初值 $q_0(x) \in \mathcal{S}(\mathbb{R})$ 下, Deift-Zhou 速降法被用于分析了散焦 NLS 方程的初值问题 (1.0.1) 的首项和高阶大时间渐近性 [52, 53]

$$q(x,t) = t^{-1/2}\alpha(z_0)e^{\frac{ix^2}{2t} - iv(z_0)\log 4t} + \mathcal{O}(t^{-1}\log t),$$

其中

$$v(z) = -\frac{1}{2\pi}\log(1-|r(z)|^2), \quad |\alpha(z)|^2 = v(z)^2, \quad z_0 = -\frac{x}{2t},$$

$$\arg\alpha(z) = \frac{1}{\pi}\int_{-\infty}^{z}\log(z-s)\,d\left(\log\left(1-|r(s)|^2\right)\right) + \frac{\pi}{4} + \arg\Gamma(iv(z)) - \arg r(z).$$

2003 年, 在加权 Sobolev 初值 $q_0 \in H^{1,1}(\mathbb{R})$ 下, Deift 和 Zhou 获得如下渐近结果 [54]

$$q(x,t) = t^{-1/2}\alpha(z_0)e^{\frac{ix^2}{2t} - iv(z_0)\log 4t} + \mathcal{O}(t^{-1/2-\kappa}), \quad 0 < \kappa < 1/4. \tag{1.0.3}$$

在一系列论文中 [55-57], 对于有限密度初值 $q_0(x) - q_0(\pm\infty) \in \mathcal{S}(\mathbb{R})$ 下, 在光锥 $|x/(2t)| < 1$ 内和光锥 $|x/(2t)| > 1$ 外, Vartanian 利用反散射方法获得了 NLS 方程当 $x, t \to \pm\infty$ 的首项渐近逼近.

2019 年, 对于初值 $q_0 \in H^{1,1}(\mathbb{R})$, Dieng 和 McLaughlin 利用 $\bar{\partial}$-速降法获得了比 Deift-Zhou 的结果 (1.0.3) 更为精细的估计 [58]

$$q(x,t) = t^{-1/2}\alpha(z_0)e^{\frac{ix^2}{2t} - iv(z_0)\log 4t} + \mathcal{O}(t^{-3/4}).$$

对于 step-like 型初值

$$q(x,0) \sim \begin{cases} Ae^{-2i\mu x/\varepsilon}, & x \to -\infty, \\ 1, & x \to \infty, \end{cases}$$

Jenkins 获得了散焦 NLS 方程大时间渐近性 [59].

对于 step-like 型初值

$$q(x,t)\sim\begin{cases}\alpha e^{2i\beta x+i\omega t}, & x\to-\infty,\\ 0, & x\to\infty,\end{cases}$$

Fromm, Lenells 和 Quirchmayr 获得了散焦 NLS 方程大时间渐近性 [60].

2016 年, 对于有限密度初值 $q_0(x)-\tanh x\in H^{4,4}(\mathbb{R})$, 在孤子区域 I: $|x/(2t)|<1$, Cuccagna 和 Jenkins 利用 $\bar\partial$-速降法给出了 NLS 方程的大时间渐近性和孤子分解 [61]

$$q(x,t)=T(\infty)^{-2}q^{\mathrm{sol},N}(x,t)+\mathcal{O}(t^{-1}),$$

其中首项为单孤子解之和, 第二项误差 $\mathcal{O}(t^{-1})$ 来自一个 $\bar\partial$-方程的解, 见图 1.1 的时空区域 I. 对于无孤子区域 II: $|\xi|>1$, 最近我们进一步获得了散焦 NLS 方程初值问题 (1.0.1)-(1.0.2) 的如下大时间渐近性

$$q(x,t)=e^{-i\alpha(\infty)}\left(1+t^{-1/2}h(x,t)\right)+\mathcal{O}\left(t^{-3/4}\right).$$

与 Vartanian 的结果相比较 [56], 我们利用 $\bar\partial$-速降法, 将 Schwartz 空间 $\mathcal{S}(\mathbb{R})$ 的初值推广到加权 Sobolev 空间 $H^{4,4}(\mathbb{R})$ 的初值 [71]. $\bar\partial$-速降法首先被 McLaughlin 和 Miller 提出用于分析非解析权的正交多项式的渐近性 [62, 63]. 最近几年这种方法被成功地推广到可积系统, 用于研究大时间渐近性和孤子分解猜想的证明 [64-70]. 本书主要内容取材于 Cuccagna 和 Jenkins 的工作 [61] 以及我们最近的工作 [71], 为了保持本书的自封性, 我们增加和补充了很多详细的分析和阐述, 目的是在整个上半平面 $\{(x,t):x\in\mathbb{R},\ t>0\}$ 上, 给出散焦 NLS 方程初值问题 (1.0.1)-(1.0.2) 在大时间渐近性和孤子分解方面一个完整详细的结果, 希望本书对致力于渐近分析方面的学者有所帮助.

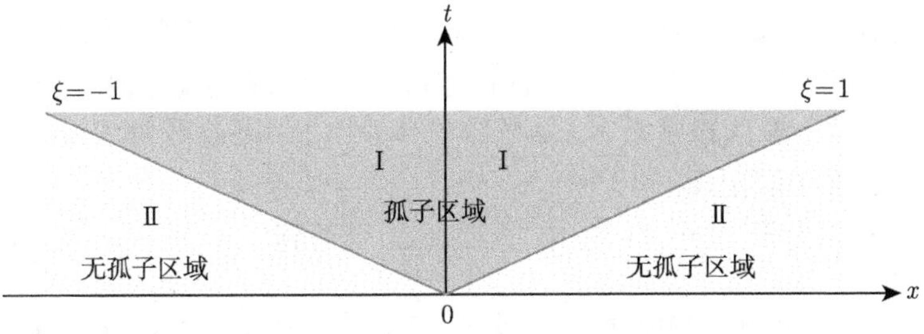

图 1.1 变量 x 和 t 的时空锥, 其中区域 I: $|\xi|<1$ 为孤子区域; 区域 II: $|\xi|>1$ 为无孤子区域. 我们将给出 NLS 在这二个区域中的大时间渐近性和孤子分解

第 2 章　Lax 对的谱分析

2.1　非零边界下谱问题和单参数化

考虑散焦 NLS 方程非衰减的初值问题

$$iq_t + q_{xx} - 2q(|q|^2 - 1) = 0, \tag{2.1.1}$$

$$q(x,0) = q_0(x) \sim \pm 1, \quad x \to \pm\infty. \tag{2.1.2}$$

方程 (2.1.1) 具有 Lax 对

$$\psi_x = L\psi, \quad \psi_t = T\psi, \tag{2.1.3}$$

其中

$$L = i\sigma_3(Q - \lambda I), \quad T = -2\lambda L + i(Q^2 - I)\sigma_3 + Q_x, \quad Q = \begin{pmatrix} 0 & \bar{q} \\ q & 0 \end{pmatrix}.$$

将上述谱问题 (2.1.3) 改写为

$$A\psi \doteq (i\sigma_3\partial_x + Q)\psi = \lambda\psi,$$

我们在 $L^2(\mathbb{R})$ 上考虑算子 $A : L^2(\mathbb{R}) \to L^2(\mathbb{R})$, 其中定义域

$$D(A) = \{\psi \in H^{1,1}(\mathbb{R}),\ q(x) - \tanh x \in L^{2,1}(\mathbb{R})\}.$$

可以证明谱算子 A 是自伴的, 相应的谱 λ 是实的. 对于有限质量的初值 (零边界), 离散谱集是空集, 因此散焦 NLS 方程在零边界下没有孤子解, 但对于有限密度的初值 (非零边界), 新的谱参数下, 离散谱集是非空的, 因此散焦 NLS 方程在非零边界下可以有孤子解出现.

注 2.1.1　由于 $\tanh x \sim \pm 1,\ x \to \pm\infty$, 可得到

$$q(x) - (\pm 1) = q(x) - \tanh x + [\tanh x - (\pm 1)] \sim q(x) - \tanh x, \quad x \to \pm\infty.$$

因此我们可以将初值条件 $q(x) - (\pm 1)$ 换成更简洁的形式 $q(x) - \tanh x$.

由初值的渐近条件 (2.1.2), 可知

$$Q \sim \pm\sigma_1 \doteq Q_\pm, \quad x \to \pm\infty.$$

假设 $\psi \sim \varphi^\pm$, $x \to \pm\infty$, 则 Lax 对 (2.1.3) 化为

$$\varphi_x^\pm = L_\pm \varphi^\pm, \quad \varphi_t^\pm = T_\pm \varphi^\pm, \tag{2.1.4}$$

其中

$$T_\pm = -2\lambda L_\pm, \quad L_\pm = \begin{pmatrix} -i\lambda & \pm i \\ \mp i & i\lambda \end{pmatrix} = -i\lambda\sigma_3 + i\sigma_3 Q_\pm.$$

为求解 (2.1.4), 需将 $L_\pm$ 和 $T_\pm$ 对角化, 直接计算可知, 矩阵 $L_\pm$ 具有二个特征值 $\pm i\zeta$, 矩阵 $T_\pm$ 具有二个特征值 $\mp 2i\zeta\lambda$, 其中 ζ 满足方程

$$\zeta^2 = \lambda^2 - 1. \tag{2.1.5}$$

可见 ζ 是多值函数. 上述方程决定的 Riemann 面为

$$\zeta^2 = (\lambda+1)(\lambda-1), \tag{2.1.6}$$

其由沿支割线 $[-1,1]$ 割开的二张复 λ-平面 S_1 和 S_2 粘合而成, 其中支点为 $\lambda = \pm 1$. 这样在 Riemann 面上, ζ 为 λ 的单值函数, 由二个单值解析分支组成, 函数值相差一个负号, 因此可在 S_1 上, 引入局部极坐标:

$$\lambda + 1 = r_1 e^{i\theta_1}, \quad \lambda - 1 = r_2 e^{i\theta_2}, \quad 0 < \theta_1, \theta_2 < \pi,$$

则可以写出 Riemann 面上二个单值解析分支函数

$$\zeta(\lambda) = \begin{cases} (r_1 r_2)^{1/2} e^{(\theta_1+\theta_2)/2}, & \text{在 } S_1 \text{ 上}, \\ -(r_1 r_2)^{1/2} e^{(\theta_1+\theta_2)/2}, & \text{在 } S_2 \text{ 上}. \end{cases} \tag{2.1.7}$$

为避免多值性, 引入单值化参数 z, 将 (2.1.5) 分解为

$$(\lambda+\zeta)(\lambda-\zeta) = 1.$$

由此定义单值化变量

$$\lambda + \zeta = z, \quad \lambda - \zeta = 1/z, \tag{2.1.8}$$

则我们可得到二个单值函数

$$\zeta(z) = \frac{1}{2}(z - 1/z), \quad \lambda(z) = \frac{1}{2}(z + 1/z). \tag{2.1.9}$$

可见在新的谱参数下, ζ, λ 都是单值函数.

对于 $\lambda \in S_1$, 我们有

$$\begin{aligned} z &= \lambda + \sqrt{\lambda^2-1} = \lambda + \lambda\left(1-\lambda^{-2}\right)^{1/2} \\ &= \lambda + \lambda\left(1-\lambda^{-2}+\cdots\right) = 2\lambda + \mathcal{O}(\lambda^{-1}) \to \infty, \quad \lambda \to \infty. \end{aligned}$$

对于 $\lambda \in S_2$, 我们有

$$z = \lambda - \sqrt{\lambda^2-1} = \frac{-1}{\lambda+\sqrt{\lambda^2-1}} \to 0, \quad \lambda \to \infty.$$

因此, 对于 $\lambda \to \infty$, z 存在二种渐近状态:

在 S_1 上, $\lambda \to \infty \Rightarrow z \to \infty$; 在 S_2 上, $\lambda \to \infty \Rightarrow z \to 0$.

如下我们讨论新的谱参数下谱点分布情况. 方程 (2.1.9) 的第一个式子为 Joukowsky 变换, 将其改写为

$$\begin{aligned} \zeta(z) &= \frac{z^2-1}{2z} = \frac{(|z|^2+1)z-(z+\bar{z})}{2|z|^2} \\ &= \frac{1}{2|z|^2}\left[(|z|^2+1)z - 2\mathrm{Re}z\right], \end{aligned}$$

因此

$$\mathrm{Im}\zeta(z) = \frac{1}{2|z|^2}(|z|^2+1)\mathrm{Im}z. \tag{2.1.10}$$

由此可见 ζ 的上半、下半平面与 z 的上半、下半平面相对应.

将 (2.1.9) 的第二个式子改写为

$$\begin{aligned} \lambda(z) &= \frac{z^2+1}{2z} = \frac{(|z|^2-1)z+(z+\bar{z})}{2|z|^2} \\ &= \frac{1}{2|z|^2}\left[(|z|^2-1)z + 2\mathrm{Re}z\right], \end{aligned}$$

由于 λ 为实的, 因此

$$\mathrm{Im}\lambda(z) = \frac{1}{2|z|^2}(|z|^2-1)\mathrm{Im}z = 0. \tag{2.1.11}$$

可见

• 散焦 NLS 方程在非衰减初值下, 新的谱参数 z 对应的特征值都分布在实轴 $\mathbb{R}$ 和圆周 $|z|=1$ 上, 如果我们假设 $s_{11}(z)$ 在实轴上没谱奇性, 又由于 $s_{11}(z), s_{22}(z)$ 分别在上下平面解析, 因此其零点只能是有限个, 为分布在单位圆周上的离散谱.

• $\lambda\in\mathbb{R}$, 由 (2.1.5) 可知, 对于 $\lambda\in(-1,1)$, ζ 为纯虚的, 再由 (2.1.8) 的第一式可知 z 是复的, 因此在新的谱参数 z 下, 离散谱集是非空的, 允许有孤子解出现.

• 对于 $\lambda\in\mathbb{R}\setminus(-1,1)$, ζ 为实的, 由 (2.1.8) 可知 z 也是实的, z 为连续谱, 见图 2.1.

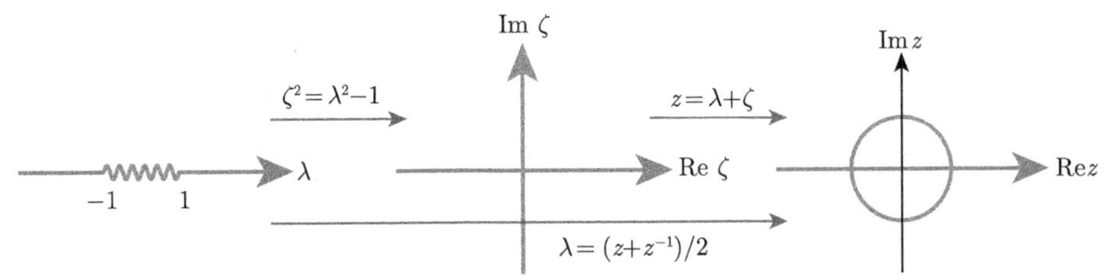

图 2.1 单值化变换下谱点转换情况: λ 的区间 $(-1,1)$ 产生 z 的离散谱 (单位圆周), λ 的 $\mathbb{R}\setminus(-1,1)$ 区间产生 z 的连续谱 (实轴)

2.2 Jost 函数的存在性和可微性

直接计算得到, $L_\pm$ 的特征值 $\pm i\zeta$ 对应的二个特征向量构成如下矩阵

$$Y_\pm = I\pm\sigma_1/z,\quad \det Y_\pm = 1-z^{-2}\doteq\gamma.$$

由于 $\det Y_\pm\big|_{z=\pm1}=0$, 因此 $Y_\pm$ 在二个分支点 $z=\pm1$ 是不可逆的. 当 $z\neq\pm1$ 时, 可用 $Y_\pm$ 将 $L_\pm$ 和 $T_\pm$ 对角化

$$L_\pm = Y_\pm(-i\zeta\sigma_3)Y_\pm^{-1},\quad T_\pm = Y_\pm(2i\zeta\lambda\sigma_3)Y_\pm^{-1}.$$

而对 $z=\pm1$, 用 $\widetilde{Y}_\pm(\pm1)=\lim_{z\to\pm1}Y_\pm/\sqrt{|z\mp1|}$ 代替上述 $Y_\pm$, 上述等式仍然成立, 且 $|\widetilde{Y}_\pm|$ 可逆, 因此, $z=\pm1$ 可以看作 $z\neq\pm1$ 情况的极限.

将 (2.1.4) 化为线性微分方程组

$$(Y_\pm^{-1}\varphi^\pm)_x = -i\zeta\sigma_3(Y_\pm^{-1}\varphi^\pm),\quad (Y_\pm^{-1}\varphi^\pm)_t = 2i\zeta\lambda\sigma_3(Y_\pm^{-1}\varphi^\pm). \tag{2.2.1}$$

由此得到

$$\varphi^\pm = Y_\pm e^{-it\theta(z)\sigma_3},\quad z\neq\pm1, \tag{2.2.2}$$

$$\varphi^{\pm} = Y_{\pm}, \quad z = \pm 1, \tag{2.2.3}$$

其中 $\theta(z) = \zeta(z)[x/t - 2\lambda(z)]$.

定义 Lax 对 (2.1.3) 渐近于 $\varphi^{\pm}$ 的 Jost 解:

$$\psi^{\pm}(z;x,t) \sim \varphi^{\pm}(z;x,t), \quad x \to \pm\infty.$$

对 $\psi^{\pm}(z;x,t)$ 进一步做变换

$$m^{\pm}(z;x,t) = \psi^{\pm}(z;x,t)e^{it\theta(z)\sigma_3}, \tag{2.2.4}$$

则有

$$m^{\pm}(z;x,t) \sim Y_{\pm}, \quad x \to \pm\infty, \tag{2.2.5}$$

并得到与 (2.1.3) 等价的 Lax 对

$$(Y_{\pm}^{-1}m^{\pm})_x + i\zeta[Y_{\pm}^{-1}m^{\pm}, \sigma_3] = Y_{\pm}^{-1}\Delta L_{\pm}m^{\pm}, \quad z \neq \pm 1,$$

$$(Y_{\pm}^{-1}m^{\pm})_t - 2i\zeta\lambda[Y_{\pm}^{-1}m^{\pm}, \sigma_3] = Y_{\pm}^{-1}\Delta T_{\pm}m^{\pm}, \quad z \neq \pm 1,$$

其中 $\Delta L_{\pm} = L - L_{\pm}$, $\Delta T_{\pm} = T - T_{\pm}$. 这二个式子可以写成全微分形式

$$d(e^{it\theta(z)\widehat{\sigma}_3}Y_{\pm}^{-1}m^{\pm}) = e^{it\theta(z)\widehat{\sigma}_3}[Y_{\pm}^{-1}(\Delta L_{\pm}dx + \Delta T_{\pm}dt)m^{\pm}]. \tag{2.2.6}$$

因此, $m^{\pm}$ 为如下二个积分方程的 Jost 函数解

$$\begin{aligned} m^{\pm}(z;x) = Y_{\pm} + \int_{\pm\infty}^{x} & [Y_{\pm}e^{-i\zeta(z)(x-y)\sigma_3}Y_{\pm}^{-1}] \\ & \times [\Delta L_{\pm}(z;y)m^{\pm}(z;y)]e^{i\zeta(z)(x-y)\sigma_3}dy, \quad z \neq \pm 1, \end{aligned} \tag{2.2.7}$$

注意到积分号内

$$\begin{aligned} & Y_{\pm}e^{-i(x-y)\zeta(z)\sigma_3}Y_{\pm}^{-1} \\ & = \frac{1}{1-z^{-2}}\begin{pmatrix} 1 & \pm z^{-1} \\ \pm z^{-1} & 1 \end{pmatrix}\begin{pmatrix} e^{-i(x-y)\zeta(z)} & 0 \\ 0 & e^{i(x-y)\zeta(z)} \end{pmatrix}\begin{pmatrix} 1 & \mp z^{-1} \\ \mp z^{-1} & 1 \end{pmatrix} \\ & = e^{i\zeta(z)} + \frac{2i\sin(\zeta(z)(x-y))}{1-z^{-2}}\begin{pmatrix} -1 & \pm z^{-1} \\ \mp z^{-1} & 1 \end{pmatrix} \\ & \to I + (x-y)L_{\pm}, \quad z \to \pm 1. \end{aligned}$$

因此, 积分 (2.2.7) 取极限 $z \to \pm 1$, 则有

$$m^{\pm}(z;x) = Y_{\pm} + \int_{\pm\infty}^{x} [I + (x-y)L_{\pm}]\Delta L_{\pm}(z;y)m^{\pm}(z;y)dy, \quad z \to \pm 1. \tag{2.2.8}$$

为证明方便, 我们将 $m^{\pm}$ 按列分块 $m^{\pm} = (m_1^{\pm}, m_2^{\pm})$, 对于矩阵和向量

$$A = \begin{pmatrix} a & b \\ c & d \end{pmatrix}, \quad \alpha = \begin{pmatrix} \alpha_1 \\ \alpha_2 \end{pmatrix},$$

分别定义其模长 $|A| = |a| + |b| + |c| + |d|$, $|\alpha| = |\alpha_1| + |\alpha_2|$.

定理 2.2.1 如果 $q(x) \in \tanh x + L^1(\mathbb{R})$, 则 $m_1^-(z), m_2^+(z)$ 在 $\mathrm{Im}\zeta > 0 \Longleftrightarrow \mathrm{Im}z > 0$ 解析, 从而可解析延拓到 $z \in \mathbb{C}^+$; 同理 $m_1^+(z), m_2^-(z)$ 可解析延拓到 $z \in \mathbb{C}^-$, 见图 2.2, 且 $q(x) \to m_1^{\pm}(z)$, $q(x) \to m_2^{\pm}(z)$ 是局部 Lipschitz 连续. 对任意 $x_0 \in \mathbb{R}$, $m_1^-(z), m_2^+(z)$ 为定义在上半平面上的连续映射

$$m_1^-(z) : \overline{\mathbb{C}^+} \setminus \{-1,0,1\} \to L^{\infty}_{\mathrm{loc}}\Big\{\overline{\mathbb{C}^-} \setminus \{-1,0,1\}, C^0((-\infty, x_0], \mathbb{C}^2) \cap W^{0,\infty}((-\infty, x_0], \mathbb{C}^2)\Big\},$$

$$m_2^+(z) : \overline{\mathbb{C}^+} \setminus \{-1,0,1\} \to L^{\infty}_{\mathrm{loc}}\Big\{\overline{\mathbb{C}^+} \setminus \{-1,0,1\}, C^0([x_0, \infty), \mathbb{C}^2) \cap W^{0,\infty}([x_0, \infty), \mathbb{C}^2)\Big\}.$$

$m_1^+(z), m_2^-(z)$ 为定义在下半平面上的连续映射

$$m_2^-(z) : \overline{\mathbb{C}^-} \setminus \{-1,0,1\} \to L^{\infty}_{\mathrm{loc}}\Big\{\overline{\mathbb{C}^+} \setminus \{-1,0,1\}, C^0((-\infty, x_0], \mathbb{C}^2) \cap W^{0,\infty}((-\infty, x_0], \mathbb{C}^2)\Big\},$$

$$m_1^+(z) : \overline{\mathbb{C}^-} \setminus \{-1,0,1\} \to L^{\infty}_{\mathrm{loc}}\Big\{\overline{\mathbb{C}^-} \setminus \{-1,0,1\}, C^0([x_0, \infty), \mathbb{C}^2) \cap W^{0,\infty}([x_0, \infty), \mathbb{C}^2)\Big\}.$$

特别, 存在独立于 q 的增函数 $F_0(t)$:

$$|m_1^+(z)| \leqslant F_0(\|q-1\|_{L^1(x,\infty)}), \quad z \in \overline{\mathbb{C}^-} \setminus \{-1,0,1\},$$

对给定充分靠近的二个初值 $q(x)$, $\widetilde{q}(x)$,

$$|m_1^+(z) - \widetilde{m}_1^+(z)| \leqslant F_0(\|q-1\|_{L^1(x,\infty)})\|q - \widetilde{q}\|_{L^1(x,\infty)}, \quad z \in \overline{\mathbb{C}^-} \setminus \{-1,0,1\}. \tag{2.2.9}$$

对其余的 Jost 函数也有类似估计.

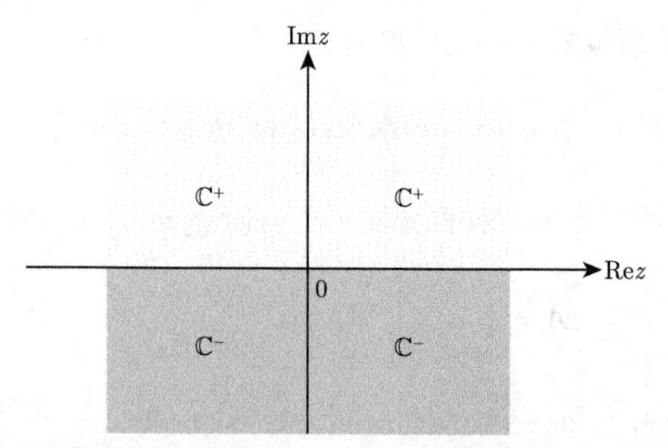

图 2.2　特征函数的解析区域: ψ_1^-, ψ_2^+ 在 $\mathbb{C}^+$ 解析; ψ_2^-, ψ_1^+ 在 $\mathbb{C}^-$ 解析

注 2.2.1　$m_1^+(z,x)$ 作为定义在 $(-\infty,x_0]$ 上的函数属于 $C^0(\mathbb{C}^2)\cap W^{0,\infty}(\mathbb{C}^2)$; $m_1^+(z,x)$ 对位势 $q(x)$ 在 $L^\infty_{\text{loc}}(\overline{\mathbb{C}^-}\setminus\{-1,0,1\})$ 范数下局部 Lipschitz 连续.

证明　(1) 存在唯一性.

将 (2.2.7) 改写为

$$Y_\pm^{-1}(m_1^\pm,m_2^\pm)=I+\int_{\pm\infty}^x(1-z^{-2})^{-1}e^{-i\zeta(z)(x-y)\sigma_3}$$
$$\times\Delta L_\pm Y_\pm^{-1}(e^{i\zeta(z)(x-y)}m_1^\pm,e^{-i\zeta(z)(x-y)}m_2^\pm)dy.$$

按列看

$$Y_\pm^{-1}m_1^\pm=e_1+\int_{\pm\infty}^x K(x,y,z)Y_\pm^{-1}m_1^\pm dy,$$
$$Y_\pm^{-1}m_2^\pm=e_2+\int_{\pm\infty}^x \widetilde{K}(x,y,z)Y_\pm^{-1}m_2^\pm dy,$$

其中

$$K^\pm(x,y,z)=(1-z^{-2})^{-1}\text{diag}(1,e^{2i\zeta(z)(x-y)})\Delta L_\pm,$$
$$\widetilde{K}^\pm(x,y,z)=(1-z^{-2})^{-1}\text{diag}(e^{-2i\zeta(z)(x-y)},1)\Delta L_\pm.$$

我们仅对 $m_1^+(z,x)$ 证明存在唯一, 其余可类似证明, 令 $w=Y_+^{-1}m_1^+$, 则

$$w(z,x)=e_1-\int_x^\infty K^+(x,y,z)w(z,y)dy. \tag{2.2.10}$$

定义 Neumann 迭代序列

$$w_0=e_1,\quad w_{n+1}(z,x)=-\int_x^\infty K^+(x,y,z)w_n(z,y)dy. \tag{2.2.11}$$

由此构造一个 Neumann 级数

$$w(z,x)=\sum_{n=0}^{\infty}w_n(x,z). \tag{2.2.12}$$

直接计算, 对于 $\mathrm{Im}\zeta<0 \Longleftrightarrow \mathrm{Im}z<0$, 可得到如下估计

$$\begin{aligned}&|\Delta L_+|\leqslant|q(y)-1|, \quad |\mathrm{diag}(1,e^{2i\zeta(z)(x-y)})|\leqslant 2,\\&|K^+(x,y,x)|=|(1-z^{-2})^{-1}\mathrm{diag}(1,e^{2i\zeta(z)(x-y)})\Delta L_+|\leqslant 2c_\varepsilon|q(y)-1|,\end{aligned} \tag{2.2.13}$$

其中

$$c_\varepsilon=\max_{z\in D_-^\varepsilon}\left|(1-z^{-2})^{-1}\right|, \quad D_-^\varepsilon=\mathbb{C}^-\setminus\left(B_\varepsilon(1)\cup B_\varepsilon(-1)\right),$$

$$B_\varepsilon(\pm 1)=\{z\in\mathbb{C}:|z\mp 1|<\varepsilon\}, \quad 0<\varepsilon<1.$$

将上述估计代入 (2.2.11), 我们得到

$$|w_{n+1}(x,z)|\leqslant 2c_\varepsilon\int_x^\infty|q(y)-1||w_n(y,z)|dy. \tag{2.2.14}$$

记

$$\varrho(x)=2c_\varepsilon\int_x^\infty|q(y)-1|dy, \tag{2.2.15}$$

则容易看出当 $q-1\in L^1(\mathbb{R})$ 时, 上述积分存在, 且由 (2.2.13), 有

$$\begin{aligned}&|K^+(x,y,z)|\leqslant 2c_\varepsilon|q(y)-1|=-\varrho_y(y),\\&|w_1(x,z)|\leqslant 2c_\varepsilon\int_x^\infty|q(y)-1||e_1|dy=\varrho(x).\end{aligned} \tag{2.2.16}$$

因此, 用数学归纳法, 假设 $|w_n(x,z)|\leqslant\varrho^n(x)/n!$, 由 (2.2.14), 可知

$$\begin{aligned}|w_{n+1}(x,z)|&\leqslant\int_x^\infty|K^+(x,y,z)||w_n(y,z)|dy\\&\leqslant-\int_x^\infty\varrho_y(y)\varrho^n(y)/n!dy=\frac{\varrho^{n+1}(x)}{(n+1)!}.\end{aligned} \tag{2.2.17}$$

因此由递推序列 (2.2.11) 定义的积分收敛且有界, 另外由于 w_0 对 z 的解析性, 递推可知 w_n, $n\geqslant 1$ 解析.

由于 $q-1\in L^1(\mathbb{R})$, 对任意固定 $x_0\in\mathbb{R}$ 和 $z\in D_-^{\varepsilon}$, 有

$$\varrho(x)\leqslant 2c_\varepsilon\int_{x_0}^{\infty}|q-1|dy=2c_\varepsilon\|q-1\|_{L^1(\mathbb{R})}=\sigma,$$

其中 σ 为与 x 无关的常数, 于是有

$$\| w_n(x,z)\|\leqslant\frac{\sigma^n}{n!},\tag{2.2.18}$$

因此, 由 (2.2.11) 定义的级数对 $x\in(x_0,\infty)$ 绝对一致收敛, 从而 $w(x,z)$ 在 $z\in\mathbb{C}^-\setminus D_-^{\varepsilon}$ 内解析.

为证明唯一性, 假设 $\widetilde{w}(x,z)$ 为方程 (2.2.10) 的另一个解, 令 $h(x,z)=|\widetilde{w}(x,z)-w(x,z)|$, 则由 (2.2.10) 可得到

$$h(x,z)\leqslant 2c_\varepsilon\int_x^{\infty}|q(y)-1|h(y,z)dy\doteq g(x,z).\tag{2.2.19}$$

上述不等式右边求导后, 再利用这个不等式

$$g_x(x,z)=-|q(x)-1|h(x,z)\geqslant-|q(x)-1|g(x,z).$$

上式可进一步改写为

$$\left(g(x,z)e^{-\int_x^{\infty}|q(y)-1|dy}\right)_x\geqslant 0.$$

上述括号内函数单调递增且非负, 因此

$$0\leqslant g(x,z)e^{-\int_x^{\infty}|q(y)-1|dy}\leqslant\lim_{x\to+\infty}g(x,z)e^{-\int_x^{\infty}|q(y)-1|dy}=0.$$

从而 $g(x,z)\equiv 0$. 再利用 (2.2.19), 便有 $h(x,z)\equiv 0$. 其余可以类似地证明.

上述证明实际是推导 Gronwall 不等式的过程, 因此可直接用 Gronwall 不等式,

$$h(x,z)\leqslant[\lim_{x\to+\infty}g(x,z)]e^{-\int_x^{\infty}|q(y)-1|dy}=0.$$

(2) $w(x,z)\in W^{0,\infty}([x_0,\infty),\mathbb{C}^2)$.

利用 (2.2.11) 和 (2.2.12), 有

$$w(x,z)=w_0+\sum_{n=1}^{+\infty}w_n(x,z)=w_0-\int_x^{\infty}K^+\sum_{n=0}^{+\infty}w_n(y,z)dy$$

$$= w_0 + \int_{\infty}^{x} K^+ w(y,z) dy, \tag{2.2.20}$$

这个式子表明由 (2.2.12) 定义的 $w(x,z)$ 为方程 (2.2.10) 的解, 且对 $\forall x \in [x_0, \infty)$, 一致有估计

$$\max_{x\in[x_0,\infty)} |w(x,z)| \leqslant \sum_{n=0}^{+\infty} \frac{\sigma^n}{n!} = e^{\sigma} \doteq F_0(\|q-1\|_{L^1[x_0,\infty)}). \tag{2.2.21}$$

因此 $w(x,z) \in L^\infty([x_0,\infty),\mathbb{C}^2) = W^{0,\infty}([x_0,\infty),\mathbb{C}^2)$.

(3) $w(x,z) \in C^0([x_0,\infty),\mathbb{C}^2)$.

进一步, 对任意 $x, x+\Delta x > x_0$, 有

$$\begin{aligned}
&|w(x+\Delta x) - w(x)| \\
&= \left| \int_{x+\Delta x}^{\infty} K^+(x+\Delta x, y) w(y,z) dy - \int_{x}^{\infty} K^+(x,y) w(y,z) dy \right| \\
&\leqslant \int_{x+\Delta x}^{\infty} |K^+(x+\Delta x, y) - K^+(x,y)| |w(y,z)| dy + \left| \int_{x}^{x+\Delta x} K^+(x,y) w(y,z) dy \right|.
\end{aligned} \tag{2.2.22}$$

注意到

$$|K^+(x+\Delta x, y) - K^+(x,y)| \leqslant c|q-1||\Delta x|, \quad |w| \leqslant \|w\|_{W^{0,\infty}[x_0,\infty)},$$

将上述估计代入 (2.2.22), 得到

$$|w(x+\Delta x) - w(x)| \leqslant c\|w\|_{W^{0,\infty}[x_0,\infty)} \|q-1\|_{L^1[x_0,\infty)} |\Delta x| + c\|w\|_{W^{0,\infty}[x_0,\infty)} |\Delta x|.$$

因此 $w(x,z) \in C^0((-\infty, x_0], \mathbb{C}^2)$.

(4) 局部 Lipschitz 连续.

最后证明 $q(x) \to m_1^+(z)$ 是局部 Lipschitz 连续. 设与 $q(x)$ 充分靠近的另一初值 $\widetilde{q}(x)$ 决定的连续映射为: $\widetilde{q}(x) \to \widetilde{m}_1^+(z)$, 则

$$\widetilde{w}(x,z) = e_1 - \int_{x}^{\infty} \widetilde{K}(x,y,z) \widetilde{w}(y,z) dy, \tag{2.2.23}$$

其中 $\widetilde{K}(x,y,z) = (1-z^{-2})^{-1} \mathrm{diag}(1, e^{2i\zeta(z)(x-y)}) \Delta \widetilde{L}_+$.

将两式 (2.2.10) 和 (2.2.23) 相减, 得到

$$w(x,z) - \widetilde{w}(x,z) = -\int_{x}^{\infty} [K(x,y,z) w(y,z) - \widetilde{K}(x,y,z) \widetilde{w}(y,z)] dy,$$

进一步

$$|w-\widetilde{w}| \leqslant \int_x^\infty |K-\widetilde{K}||w|dy + \int_x^\infty |\widetilde{K}||w-\widetilde{w}|dy, \tag{2.2.24}$$

注意到

$$|K-\widetilde{K}| \leqslant 2c_\varepsilon|q-\widetilde{q}|, \quad |w| \leqslant \|w\|_{W^{0,\infty}[x_0,\infty)}, \quad |\widetilde{K}| \leqslant 2c_\varepsilon|\widetilde{q}-1|.$$

将上述估计代入 (2.2.24), 得到

$$|w-\widetilde{w}| \leqslant 2c_\varepsilon\|w\|_{W^{0,\infty}[x_0,\infty)}\|q-\widetilde{q}\|_{L^1[x_0,\infty)} + \int_x^\infty 2c_\varepsilon|\widetilde{q}-1||w-\widetilde{w}|dy.$$

利用 Gronwall 不等式, 得到

$$|w-\widetilde{w}| \leqslant F_0\|q-\widetilde{q}\|_{L^1[x_0,\infty)}, \tag{2.2.25}$$

其中 $F_0 = 2c_\varepsilon\|w\|_{W^{0,\infty}[x_0,\infty)}\exp[2c_\varepsilon\|\widetilde{q}-1\|_{L^1[x_0,\infty)}]$ □

定理 2.2.2 给定 $n\in\mathbb{N}_0$, 如果 $q(x)-\tanh x\in L^{1,n}(\mathbb{R})$, $q'\in W^{1,1}(\mathbb{R})$, 则 $m_1^\pm(z), m_2^\pm(z)$ 对 z 可微, 且 $q(x)\to\partial_z^n m_1^\pm(z)$, $q(x)\to\partial_z^n m_2^\pm(z)$ 是局部 Lipschitz 连续. 对任意 x_0, $m_1^-(z)$, $m_2^+(z)$ 为定义在上半平面上的连续可微映射

$$\partial_z^n m_1^-(z): \overline{\mathbb{C}^+}\setminus\{-1,0,1\} \to L^\infty_{\mathrm{loc}}\Big\{\overline{\mathbb{C}^-}\setminus\{-1,0,1\}, C^1((-\infty,x_0],\mathbb{C}^2) \cap W^{1,\infty}((-\infty,x_0],\mathbb{C}^2)\Big\},$$

$$\partial_z^n m_2^+(z): \overline{\mathbb{C}^+}\setminus\{-1,0,1\} \to L^\infty_{\mathrm{loc}}\Big\{\overline{\mathbb{C}^-}\setminus\{-1,0,1\}, C^1([x_0,\infty),\mathbb{C}^2) \cap W^{1,\infty}([x_0,\infty),\mathbb{C}^2)\Big\}.$$

$m_1^+(z), m_2^-(z)$ 为定义在下半平面上的连续可微映射

$$\partial_z^n m_2^-(z): \overline{\mathbb{C}^-}\setminus\{-1,0,1\} \to L^\infty_{\mathrm{loc}}\Big\{\overline{\mathbb{C}^-}\setminus\{-1,0,1\}, C^1((-\infty,x_0],\mathbb{C}^2) \cap W^{1,\infty}((-\infty,x_0],\mathbb{C}^2)\Big\},$$

$$\partial_z^n m_1^+(z): \overline{\mathbb{C}^-}\setminus\{-1,0,1\} \to L^\infty_{\mathrm{loc}}\Big\{\overline{\mathbb{C}^-}\setminus\{-1,0,1\}, C^1([x_0,\infty),\mathbb{C}^2) \cap W^{1,\infty}([x_0,\infty),\mathbb{C}^2)\Big\}.$$

特别, 存在独立于 q 的函数 F_n

$$\partial_z^n m_1^+(z) \leqslant F_n[(1+|x|)^n\|q-1\|_{L^{1,n}(x,\infty)}], \quad z\in\overline{\mathbb{C}^-}\setminus\{-1,0,1\},$$

对给定充分靠近的二个初值 $q(x)$, $\widetilde{q}(x)$,

$$\left|\partial_z^n[m_1^+(z)-\widetilde{m}_1^+(z)]\right|\leqslant F_n((1+|x|)^n\|q-1\|_{L^{1,n}(x,\infty)})$$
$$\|q-\widetilde{q}\|_{L^{1,n}(x,\infty)},\quad z\in\overline{\mathbb{C}^-}\setminus\{-1,0,1\}.$$

证明 我们证明 Neumann 级数 (2.2.12) 对 x,z 逐项可微, 所构成的级数绝对一致收敛即可. 首先说明逐项可微性, 将序列 (2.2.11) 对 z 求导, 得到

$$\begin{aligned}&w_{0,z}=0,\\&w_{n+1,z}(x,z)=-\int_x^\infty K_z(x,y,z)w_n(y,z)dy-\int_x^\infty K(x,y,z)w_{n,z}(y,z)dy.\end{aligned}\tag{2.2.26}$$

而

$$\begin{aligned}|K_z(x,y,z)|&\leqslant\left|2(1-z^{-2})^{-2}z^{-3}\mathrm{diag}(1,e^{2i\zeta(z)(x-y)})\Delta L_+\right|\\&\quad+\left|(1-z^{-2})^{-1}\mathrm{diag}(0,i(1+z^{-2})(x-y)e^{2i\zeta(z)(x-y)})\Delta L_+\right|\\&\leqslant c_\varepsilon'(1+y-x)|q(y)-1|,\end{aligned}$$

其中

$$c_\varepsilon'=\min\left\{\max_{z\in D_-^\varepsilon}\frac{4|z|}{|z^2-1|},\ \max_{z\in D_-^\varepsilon}\frac{|z^2+1|}{|z^2-1|}\right\}.$$

由 (2.2.26),

$$|w_{1,z}(x,z)|\leqslant\int_x^\infty|K_z|dy\leqslant c_\varepsilon'\int_x^\infty(1+y-x)|q(y)-1|dy,$$

则

$$\begin{aligned}|w_{1,z}(y,z)|&\leqslant c_\varepsilon'\int_y^\infty(1+s-y)|q(s)-1|ds\\&\leqslant c_\varepsilon'\int_y^\infty(1+s-x)|q(s)-1|ds\doteq F_1(y)\quad(y\to x).\end{aligned}\tag{2.2.27}$$

从而

$$F_{1,y}(y)=-c_\varepsilon'(1+y-x)|q(y)-1|.\tag{2.2.28}$$

利用 (2.2.27) 和 (2.2.28), 得到

$$\begin{aligned}|w_{2,z}| &\leqslant \int_x^\infty |K_z(x,y,z)||w_1(y,z)|dy + \int_x^\infty |K(x,y,z)||w_{1,z}(y,z)|dy \\ &\leqslant \int_x^\infty c'_\varepsilon(1+y-x)|q(y)-1|\varrho(y)dy + \int_x^\infty c_\varepsilon|q(y)-1|F_1(y)dy \\ &= -\int_x^\infty F_{1,y}\,\varrho(y)dy - \int_x^\infty F_1(y)\varrho_y(y)dy = \varrho(x)F_1(x).\end{aligned}$$

利用数学归纳法, 可证明

$$\left|w_{n,z}\right| \leqslant \frac{\varrho^{n-1}(x)}{(n-1)!}F_1(x), \quad n=1,2,\cdots. \tag{2.2.29}$$

可见如果 $q-1\in L^{1,1}(\mathbb{R})$, 则 $\varrho(x)$ 存在, 且

$$\begin{aligned}F_1(y) &= c'_\varepsilon\int_x^\infty (1+s-x)|q(s)-1|ds \\ &\leqslant c'_\varepsilon|x|\int_x^\infty |q(s)-1|ds + \int_x^\infty (1+|s|)|q(s)-1|ds \\ &\leqslant c'_\varepsilon(1+|x|)\|q-1\|_{L^{1,1}(x,\infty)}.\end{aligned}$$

因此 $w_n(x,z)$ 对变量 z 分别可微, 前面已经证明 $\sum\dfrac{\varrho^{n-1}(x)}{(n-1)!}$ 绝对一致收敛, 因此 $\sum w_{n,z}$ 是绝对一致收敛的, 级数之和

$$|w_z(x,z)| \leqslant e^{\varrho(x)}F_1(x) \leqslant e^{\varrho(x_0)}c'_\varepsilon(1+|x|)\|q-1\|_{L^{1,1}(x,\infty)}. \tag{2.2.30}$$

$$|\partial_z m_1^+(x,z)| \leqslant |Y_+|e^{\varrho(x_0)}c'_\varepsilon(1+|x|)\|q-1\|_{L^{1,1}(x,\infty)}.$$

最后证明 $q(x)\to\partial_z m_1^+(z)$ 是局部 Lipschitz 连续. 设与 $q(x)$ 充分靠近的另一初值 $\widetilde{q}(x)$ 决定的连续映射为: $\widetilde{q}(x)\to\widetilde{m}_1^+(z)$, 则

$$\widetilde{w}(x,z) = e_1 - \int_x^\infty \widetilde{K}(x,y,z)\widetilde{w}(y,z)dy, \tag{2.2.31}$$

其中 $\widetilde{K}(x,y,z) = (1-z^{-2})^{-1}\mathrm{diag}(1,e^{2i\zeta(z)(x-y)})\Delta\widetilde{L}_+$. 则由 (2.2.10) 和 (2.2.31), 得到

$$\left|w_z-\widetilde{w}_z\right| \leqslant \int_x^\infty \left|(K-\widetilde{K})w_z + (K_z-\widetilde{K}_z)w\right|dy$$

$$+\int_x^\infty \left|\widetilde{K}_z(w-\widetilde{w})+\widetilde{K}(w_z-\widetilde{w}_z)\right|dy, \tag{2.2.32}$$

注意到

$$|(K-\widetilde{K})w_z+(K_z-\widetilde{K}_z)w| \leqslant 2c'_\varepsilon(|q-\widetilde{q}|+(1+y-x)|q-\widetilde{q}|)\|w\|_{W^{1,\infty}[x_0,\infty)},$$

$$\left|\widetilde{K}_z(w-\widetilde{w})\right| \leqslant 2F_0c'_\varepsilon(1+|x|)|\widetilde{q}-1|\|q-\widetilde{q}\|_{L^1[x_0,\infty)},$$

$$\left|\widetilde{K}(w_z-\widetilde{w}_z)\right| \leqslant 2c'_\varepsilon(|\widetilde{q}-1|+(1+y-x)|\widetilde{q}-1|)|w_z-\widetilde{w}_z|.$$

将上述估计代入 (2.2.32), 得到

$$|w_z-\widetilde{w}_z| \leqslant 2c'_\varepsilon\|w\|_{W^{0,\infty}[x_0,\infty)}(1+|x|)\|q-\widetilde{q}\|^2_{L^{1,1}[x_0,\infty)}$$
$$+\int_x^\infty 2c'_\varepsilon(|\widetilde{q}-1|+(1+y-x)|\widetilde{q}-1|)|w_z-\widetilde{w}_z|dy.$$

利用 Gronwall 不等式, 得到

$$|w_z-\widetilde{w}_z| \leqslant F_1\|q-\widetilde{q}\|_{L^{1,1}[x_0,\infty)}, \tag{2.2.33}$$

其中 $F_1=2c'_\varepsilon(1+|x|)\|w\|_{W^{0,\infty}[x_0,\infty)}\exp[2c_\varepsilon(1+|x|)\|q-1\|_{L^{1,1}[x_0,\infty)}]$. □

上述定理表明 Jost 函数在 $z=0,\pm1$ 处有奇性, 其中 $z=0$ 属于谱奇性, 为不可去的奇点, 如果提高初始数据 $q(x)$ 的衰减性, 则 Jost 函数在 $z=\pm1$ 处的奇性是可去的.

定理 2.2.3 给定 $n\in\mathbb{N}_0$, 如果 $q(x)-\tanh x\in L^{1,n+1}(\mathbb{R})$, $q\in W^{1,1}(\mathbb{R})$, K 为 $\{-1,1\}$ 在 $\overline{\mathbb{C}^+}\setminus\{0\}$ 的一个紧邻域, 令 $x^\pm=\max\{\pm x,0\}$, 则存在 c 使得 $z\in K$, 有

$$\left|m_1^+(z)-(1,z^{-1})^{\mathrm{T}}\right| \leqslant c\langle x^-\rangle e^{c\int_x^\infty\langle y-x\rangle|q-1|dy}\|q-\widetilde{q}\|_{L^{1,1}(x,\infty)},$$

即 $z\to m_1^+(z,x)$ 作为连续映射可以延拓到 $z=\pm1$, 取值 $C^1((-\infty,x_0],\mathbb{C})\cap W^{1,\infty}((-\infty,x_0],\mathbb{C})$, 且映射 $z\to m_1^+(z,\cdot)$ 是局部 Lipschitz 连续

$$\tanh x+L^{1,1}(\mathbb{R})\to L^\infty(\overline{\mathbb{C}^-}\setminus\{0\},C^1([x_0,\infty),\mathbb{C})\cap W^{1,\infty}([x_0,\infty),\mathbb{C}).$$

对 $m_2^+(z),m_1^-(z),m_2^-(z)$ 也有类似的结果.

$z\to\partial_z^n m_1^+(z)$, $q(x)\to\partial_z^n m_1^+(z)$ 也有类似结论:

$$\partial_z^n m_1^+(z)\leqslant F_n[(1+|x|)^{n+1}\|q-1\|_{L^{1,n+1}(x,\infty)}],\quad z\in K,$$

证明 将 (2.2.8) 改写为向量形式, 有

$$m_1^+(z;x) = -\int_x^\infty (x-y)L_\pm \Delta L_\pm(z;y)m_1^+(z;y)dy, \quad z=\pm 1, \tag{2.2.34}$$

其中算子具有估计

$$|(x-y)L_\pm \Delta L_\pm(z;y)| \leqslant (1+|y|)|q(y)-1|.$$

类似于前面定理 2.2.2, 可以证明当 $q(x)-\tanh x \in L^{1,1}(\mathbb{R})$, 上述积分方程解存在唯一, 且具有很好光滑性和 Lipschitz 连续性, 结合定理 2.2.2, 得到命题结果. □

2.3 Jost 函数的渐近性和对称性

我们考虑 Jost 函数的渐近性, 记

$$D_+(x) = \|q-1\|_{W^{2,1}(x,\infty)}(1+\|q-1\|_{W^{2,1}(x,\infty)})^2 e^{\|q-1\|_{L^1(x,\infty)}}, \tag{2.3.1}$$

$$D_-(x) = \|q+1\|_{W^{2,1}(-\infty,x)}(1+\|q+1\|_{W^{2,1}(-\infty,x)})^2 e^{\|q+1\|_{L^1(-\infty,x)}}. \tag{2.3.2}$$

命题 2.3.1 设 $q(x) \in \tanh x + L^1(\mathbb{R})$, $q'(x) \in W^{1,1}(\mathbb{R})$, $m_1^\pm(z)$, $m_2^\pm(z)$ 具有渐近性

$$m_1^\pm(z;x)=e_1+\frac{1}{z}\begin{pmatrix} i\int_{\pm\infty}^x (|q(y)|^2-1)dy \\ q(x)\end{pmatrix}+\mathcal{O}(D_\pm(x)z^{-2}), \quad \pm\mathrm{Im} z \leqslant 0,\ z\to\infty, \tag{2.3.3}$$

$$m_2^\pm(z;x)=e_2+\frac{1}{z}\begin{pmatrix} \overline{q}(x) \\ -i\int_{\pm\infty}^x (|q(y)|^2-1)dy\end{pmatrix}+\mathcal{O}(D_\pm(x)z^{-2}), \quad \pm\mathrm{Im} z \geqslant 0,\ z\to\infty, \tag{2.3.4}$$

$$m_1^\pm(z;x) = \pm\frac{e_2}{z}+\mathcal{O}(1), \quad \mathcal{O}(1)\leqslant F(d_\pm), \quad \pm\mathrm{Im} z\leqslant 0, \quad z\to 0,$$

$$m_2^\pm(z;x) = \pm\frac{e_1}{z}+\mathcal{O}(1), \quad \mathcal{O}(1)\leqslant F(d_\mp), \quad \pm\mathrm{Im} z\geqslant 0, \quad z\to 0,$$

其中 $d_+ = \|q-1\|_{W^{2,1}(x,\infty)}$, $d_- = \|q+1\|_{W^{2,1}(-\infty,x)}$.

如果 $q(x) \in \tanh x + L^1(\mathbb{R})$, 则存在独立于 q 的函数 $F(t)$, 使得当 $z\to\infty$,

$$\partial_z^j m_1^+(z) \leqslant |z|^{-1}F_n[(1+|x|)^{n+1}\|q-1\|_{L^{1,n+1}(x,\infty)}], \quad 0\leqslant j\leqslant n. \tag{2.3.5}$$

对给定充分靠近的二个初值 $q(x)$ 和 $\widetilde{q}(x)$,

$$\left|\partial_z^j[m_1^+(z)-\widetilde{m}_1^+(z)]\right| \leqslant |z|^{-1}F_n((1+|x|)^n\|q-1\|_{L^{1,n}(x,\infty)})\|q-\widetilde{q}\|_{L^{1,n}(x,\infty)}. \tag{2.3.6}$$

由于 $\psi^{\pm}(z)=m^{\pm}(z)e^{-i\theta(z)\sigma_3}$ 为 Lax 对 (2.1.3) 的二个矩阵解, 因此存在 $S(z)$, 使得

$$\psi^-(z)=\psi^+(z)S(z), \tag{2.3.7}$$

$$m^-(z)=m^+(z)e^{-it\theta(z)\widehat{\sigma}_3}S(z), \tag{2.3.8}$$

其中谱矩阵为

$$S(z)=\begin{pmatrix} s_{11}(z) & s_{12}(z) \\ s_{21}(z) & s_{22}(z) \end{pmatrix},$$

$s_{ij}(z),\ i,j=1,2$ 称为散射数据, 且与变量 x,t 无关. 可以证明

$$\det\psi^{\pm}(z)=\det m^{\pm}(z)=1, \quad \det S(z)=1. \tag{2.3.9}$$

命题 2.3.2 假设 $q-\tanh x\in L^1(\mathbb{R})$, 对 $z\in\mathbb{C}\setminus\{-1,0,1\}$, 则 $m^{\pm}(z)$ 具有如下对称性

$$\psi^{\pm}(z;x)=\sigma_1\overline{\psi^{\pm}(\bar{z};x)}\sigma_1=\pm z^{-1}\psi^{\pm}(z^{-1};x)\sigma_1, \tag{2.3.10}$$

上述对称性按照矩阵列展开为

$$\psi_1^{\pm}(z)=\sigma_1\overline{\psi_2^{\pm}(\bar{z})}=\pm z^{-1}\psi_2^{\pm}(z^{-1}), \quad \psi_2^{\pm}(z)=\sigma_1\overline{\psi_1^{\pm}(\bar{z})}=\pm z^{-1}\psi_1^{\pm}(z^{-1}). \tag{2.3.11}$$

证明 注意到谱问题 (2.1.3) 的 Lax 矩阵 $L(z)$ 的对称性

$$L(z)=\sigma_1\overline{L(\bar{z})}\sigma_1=L(z^{-1}),$$

以及 $\psi^{\pm}$ 的渐近 Jost 函数 $\varphi^{\pm}$ 的对称性

$$\varphi^{\pm}(z;x)=\sigma_1\overline{\varphi^{\pm}(\bar{z};x)}\sigma_1=\pm z^{-1}\varphi^{\pm}(z^{-1};x)\sigma_1,$$

从谱问题 (2.1.3) 出发, 直接可以推出 Jost 函数 $\psi^{\pm}$ 对称性 (2.3.10). □

推论 2.3.1 假设 $q\in\tanh x+L^1(\mathbb{R})$, 则 $m^{\pm}(z)$ 具有如下对称性

$$\overline{\psi_j^{\pm}(\bar{z}^{-1};x)}=\pm z\sigma_1\psi_j^{\pm}(z;x), \quad j=1,2. \tag{2.3.12}$$

第 3 章　初值问题解的 RH 问题表示

3.1　散射数据和反射系数的性质

3.1.1　对称性和渐近性

命题 3.1.1　假设 $q \in \tanh x + L^1(\mathbb{R})$, $z \in \mathbb{R} \setminus \{-1, 0, 1\}$, 则散射数据具有性质:

(1) $S(z)$ 具有如下对称性

$$S(z) = \sigma_1 \overline{S(\bar{z})} \sigma_1 = -\sigma_1 S(z^{-1}) \sigma_1, \tag{3.1.1}$$

上述对称性按照矩阵列展开为

$$s_{11}(z) = \overline{s_{22}(\bar{z})} = -s_{22}(z^{-1}), \quad s_{12}(z) = \overline{s_{21}(\bar{z})} = -s_{21}(z^{-1}), \quad \overline{r(z)} = r(z^{-1}). \tag{3.1.2}$$

(2) 反射系数可用 Jost 函数表示

$$s_{11}(z) = \frac{\det[\psi_1^-, \psi_2^+]}{1 - z^{-2}}, \quad s_{21}(z) = \frac{\det[\psi_1^+, \psi_1^-]}{1 - z^{-2}}. \tag{3.1.3}$$

(3) 对 $z \in \mathbb{R} \setminus \{-1, 0, 1\}$,

$$|s_{11}(z)|^2 = 1 + |s_{21}(z)|^2 \geqslant 1.$$

(4) 对 $z \in \mathbb{R} \setminus \{-1, 0, 1\}$,

$$|r(z)|^2 = 1 - |s_{11}(z)|^{-2} < 1. \tag{3.1.4}$$

(5)

$$-\overline{s_{11}(\bar{z}^{-1})} = s_{11}(z), \quad -\overline{s_{21}(\bar{z}^{-1})} = s_{21}(z), \quad \overline{r(\bar{z}^{-1})} = r(z). \tag{3.1.5}$$

(6) 如果 $q'(x) \in W^{1,1}(\mathbb{R})$, 则

$$\lim_{z \to \infty} (s_{11}(z) - 1) z = i \int_{\mathbb{R}} (|q(x)|^2 - 1) dx,$$

$$\lim_{z\to 0}(s_{11}(z)+1)z^{-1}=i\int_{\mathbb{R}}(|q(x)|^2-1)dx,$$

$$|s_{21}(z)|=O(|z|^{-2}),\quad |z|\to\infty,\quad |s_{21}(z)|=O(|z|^2),\quad |z|\to 0, \tag{3.1.6}$$

$$r(z)\sim z^{-2},\quad |z|\to\infty,\quad r(z)\sim z^2,\quad |z|\to 0. \tag{3.1.7}$$

(7) $z=\pm 1$ 为 $s_{11}(z)$, $s_{21}(z)$ 的简单极点, 且它们的留数成比例, 从而 $z=\pm 1$ 为 $r(z)$ 的可去极点.

$$s_{11}(z)=\pm\frac{s_\pm}{z\mp 1}+\mathcal{O}(1),\quad s_{21}(z)=-\frac{s_\pm}{z\mp 1}+\mathcal{O}(1), \tag{3.1.8}$$

$$\lim_{z\to\pm 1}r(z)=\mp 1, \tag{3.1.9}$$

其中 $s_\pm=-\dfrac{1}{2}\det[\psi_1^-(\pm 1,x),\psi_2^+(\pm 1,x)]$.

证明 (1) 利用对称性 (2.3.10) 和 (2.3.7), 可推出谱函数 $S(z)$ 的对称性 (3.1.1).

(2)—(4) 将 (2.3.7)-(2.3.8) 展开为形式

$$\psi_1^-(z)=s_{11}(z)\psi_1^+(z)+s_{21}(z)\psi_2^+(z), \tag{3.1.10}$$

$$\psi_2^-(z)=s_{12}(z)\psi_1^+(z)+s_{22}(z)\psi_2^+(z) \tag{3.1.11}$$

和

$$m_1^-(z)=s_{11}(z)m_1^+(z)+s_{21}(z)e^{-2it\theta(z)}m_2^+(z), \tag{3.1.12}$$

$$m_2^-(z)=s_{12}(z)e^{2it\theta(z)}m_1^+(z)+s_{22}(z)m_2^+(z), \tag{3.1.13}$$

由此, 可解得

$$s_{11}(z)=\det(\psi_1^-,\psi_2^+)/\gamma=\det(m_1^-,m_2^+)/\gamma, \tag{3.1.14}$$

$$s_{21}(z)=\det(\psi_1^+,\psi_1^-)/\gamma=e^{2it\theta}\det(m_1^+,m_1^-)/\gamma, \tag{3.1.15}$$

其中 $\gamma=1-z^{-2}$. 由 $m^\pm$ 的各列解析性可推知 $s_{11}(z)$ 在 $\mathbb{C}^+$ 上解析; $s_{22}(z)$ 在 $\mathbb{C}^-$ 上解析; $s_{12}(z)$ 和 $s_{21}(z)$ 连续到实轴.

将 $\det S(z)=1$ 展开

$$s_{11}(z)s_{22}(z)-s_{21}(z)s_{12}(z)=1. \tag{3.1.16}$$

对 $z\in\mathbb{R}\setminus\{-1,0,1\}$, 利用对称性 (3.1.2), 得到

$$|s_{11}(z)|^2=1+|s_{21}(z)|^2\geqslant 1.$$

二端除以 $|s_{11}(z)|^2$, 并定义反射系数 $r(z)=s_{21}(z)/s_{11}(z)$, 则有

$$|r(z)|^2=1-|s_{11}(z)|^{-2}<1.$$

(5) 利用 (3.1.3) 和 (2.3.12), 可知

$$\begin{aligned}\overline{s_{11}(\bar{z}^{-1})}&=\frac{\overline{\det[\psi_1^-(\bar{z}^{-1}),\psi_2^+(\bar{z}^{-1})]}}{\overline{1-\bar{z}^2}}=\frac{\det[-z\sigma_1\psi_1^-(z),z\sigma_1\psi_2^+(z)]}{1-z^2}\\&=\frac{1}{1-z^{-2}}\psi_1^-(z)^{\mathrm{T}}\sigma_1^{\mathrm{T}}\sigma\sigma_1\psi_2^+(z)=-\frac{1}{1-z^{-2}}\psi_1^-(z)^{\mathrm{T}}\sigma\psi_2^+(z)\\&=-\frac{\det[\psi_1^-(z),\psi_2^+(z)]}{1-z^{-2}}=-s_{11}(z),\end{aligned}$$

其中 $\sigma=\begin{pmatrix}0&1\\-1&0\end{pmatrix}$, 其余类似.

(6) 将展开 (2.3.3)-(2.3.4) 代入 (3.1.14), 得到

$$\begin{aligned}(1-z^{-2})s_{11}(z)&=\det\begin{pmatrix}1+iz^{-1}\int_{-\infty}^{x}(|q(y)|^2-1)dy & z^{-1}\bar{q}(x)\\ z^{-1}q(x) & 1+iz^{-1}\int_{x}^{\infty}(|q(y)|^2-1)dy\end{pmatrix}\\&\quad+\mathcal{O}(z^{-2})=1+iz^{-1}\int_{\mathbb{R}}(|q(y)|^2-1)dy+\mathcal{O}(z^{-2}),\quad z\to\infty.\end{aligned}$$

由此推出

$$\lim_{z\to\infty}(s_{11}(z)-1)z=i\int_{\mathbb{R}}(|q(x)|^2-1)dx,$$

将上式 $z\to\bar{z}^{-1}$, 并取共轭, 得到

$$\overline{\lim_{\bar{z}^{-1}\to\infty}(s_{11}(\bar{z}^{-1})-1)\bar{z}^{-1}}=-i\int_{\mathbb{R}}(|q(x)|^2-1)dx,$$

利用 $\overline{s_{11}(\bar{z}^{-1})}=-s_{11}(z)$,

$$\lim_{z\to 0}(s_{11}(z)+1)z^{-1}=i\int_{\mathbb{R}}(|q(x)|^2-1)dx.$$

公式 (3.1.6) 和公式 (3.1.7) 可以类似证明.

(7) 由于 $z=\pm1$ 分别为 $s_{11}(z)$ 的一阶极点, 直接求留数得到

$$\operatorname*{Res}_{z=\pm1}s_{11}(z)=\lim_{z\to\mp1}(z\pm1)\frac{\det[\psi_1^-(z,x),\psi_2^+(z,x)]}{1-z^{-2}}=\pm s_{\pm},$$

其中

$$s_{\pm} = -\frac{1}{2}\det[\psi_1^-(\pm 1, x), \psi_2^+(\pm 1, x)], \tag{3.1.17}$$

因此

$$s_{11}(z) = \pm\frac{s_{\pm}}{z \mp 1} + \mathcal{O}(1). \tag{3.1.18}$$

同理 $z = \pm 1$ 分别为 $s_{21}(z)$ 的一阶极点, 并利用对称性 (2.3.11) 推出的 $\psi_1^+(\pm 1, x) = \pm\psi_2^+(\pm 1, x)$, 直接求留数, 得到

$$\begin{aligned}\operatorname*{Res}_{z=\pm 1} s_{21}(z) &= \pm\frac{1}{2}\det[\psi_1^+(\pm 1, x), \psi_1^-(\pm 1, x)] \\ &= \pm\frac{1}{2}\det[\pm\psi_2^+(\pm 1, x), \psi_1^-(\pm 1, x)] = -s_{\pm},\end{aligned}$$

因此

$$s_{21}(z) = -\frac{s_{\pm}}{z \mp 1} + \mathcal{O}(1). \tag{3.1.19}$$

利用 (3.1.18)-(3.1.19), 我们得到

$$\lim_{z \to \pm 1} r(z) = \lim_{z \to \pm 1} \frac{-s_{\pm} + (z \mp 1)\mathcal{O}(1)}{\pm s_{\pm} + (z \mp 1)\mathcal{O}(1)} = \mp 1. \qquad \square$$

3.1.2 散射数据所属空间

下列命题说明, 当初值 $q_0(x)$ 充分光滑衰减, 反射系数也光滑衰减.

命题 3.1.2 如果 $q(x) \in \tanh x + L^{1,2}(\mathbb{R}), q'(x) \in W^{1,1}(\mathbb{R})$, 则 $r(z) \in H^1(\mathbb{R})$.

证明 (i) 对 $q(x) \in \tanh x + L^{1,2}(\mathbb{R})$, 由定理 2.2.3 和 (3.1.3), 推知 $\psi_1^{\pm}(z, x)$, $\psi_2^{\pm}(z, x)$ 在 $z \in \mathbb{R} \setminus \{-1, 0, 1\}$ 连续, 再利用 (3.1.3), 可推出 $s_{11}(z)$, $s_{21}(z)$ 在 $z \in \mathbb{R} \setminus \{-1, 0, 1\}$ 连续, 又 $|s_{11}(z)| \geqslant 1$ ($\Rightarrow s_{11}(z)$ 非零, $z \in \mathbb{R} \setminus \{-1, 0, 1\}$). 因此 $r(z) = s_{21}(z)/s_{11}(z)$ 对 $z \in \mathbb{R} \setminus \{-1, 0, 1\}$ 连续.

由 (3.1.7), (3.1.9), 推知 $r(z)$ 在三个奇点 $\{-1, 0, 1\}$ 附近有界. 再由 (3.1.7), 知道 $r(z) \sim z^{-2}$, $z \to \infty$. 因此有 $r(z) \in L^1(\mathbb{R}) \cap L^2(\mathbb{R})$.

事实上, 我们在三个奇点 $\{-1, 0, 1\}$ 附近将 $\mathbb{R}$ 分为几个区间

$$\mathbb{R} = (-\infty, -3/2] \cup (-3/2, -1/2] \cup (-1/2, 1/2) \cup [1/2, 3/2) \cup [3/2, \infty).$$

由 $r(z) \sim z^{-2}$, $z \to \infty$, 直接推知

$$r(z) \in L^1((-\infty, -3/2]) \cap L^2((-\infty, -3/2]), \quad r(z) \in L^1([3/2, \infty)) \cap L^2([3/2, \infty)). \tag{3.1.20}$$

由命题 3.1.1中 (3), $\|r(z)\|_{L^\infty(\mathbb{R})} \leqslant 1,\ \ z \in \mathbb{R}\backslash\{-1,0,1\}$. 例如, 证明在 $z=-1$ 点附近邻域 $r(z) \in L^1((-3/2,-1/2]) \cap L^2((-3/2,-1/2])$.

$$\begin{aligned} \int_{-3/2}^{-1/2} \big|r(z)\big| dz &= \int_{-3/2}^{-1-\varepsilon} \big|r(z)\big| dz + \int_{-1+\varepsilon}^{-1/2} \big|r(z)\big| dz \\ &\leqslant \int_{-3/2}^{-1-\varepsilon} dz + \int_{-1+\varepsilon}^{-1/2} dz = 1 - 2\varepsilon \to 1, \quad \varepsilon \to 0. \end{aligned}$$

因此 $r(z) \in L^1((-3/2,-1/2])$. 同理可证 $r(z) \in L^2((-3/2,-1/2])$. 以及类似地讨论另外两个区间 $(-1/2,1/2), [1/2,3/2)$.

(ii) 下证 $r'(z) \in L^2(\mathbb{R})$. 对充分小的 $\delta_0>0$, 由定理 2.2.3,

$$q \to \det[\psi_1^-(z,x), \psi_2^+(z,x)], \quad q \to \det[\psi_1^+(z,x), \psi_1^-(z,x)]$$

为局部 Lipschitz 映射

$$\{q : q' \in W^{1,1}(\mathbb{R}),\ q \in \tanh x + L^{1,n+1}(\mathbb{R})\} \to W^{n,\infty}(\mathbb{R} \setminus (-\delta_0,\delta_0)).$$

这点可由定理 2.2.3 从二个方面体现: $q \to \psi_1^-(z,0)$ 是局部 Lipschitz 映射, 取值 $W^{n,\infty}(\overline{\mathbb{C}^-} \setminus D(0,\delta_0), \mathbb{C}^2)$. 对 $q \to \psi_2^+(z,0)$, $q \to \psi_1^-(z,0)$ 也有类似结果, 但将 $\mathbb{C}^-$ 换成 $\mathbb{C}^+$. 因此由定义, $q \to r(z)$ 是局部 Lipschitz 映射

$$\{q : q' \in W^{1,1}(\mathbb{R}),\ q \in \tanh x + L^{1,n+1}(\mathbb{R})\} \to W^{n,\infty}(I_{\delta_0}) \cap H^n(I_{\delta_0}),$$

其中 $I_{\delta_0} = \mathbb{R} \setminus [(-\delta_0,\delta_0) \cup (1-\delta_0, 1+\delta_0) \cup (-1-\delta_0, -1+\delta_0)]$. 取 δ_0 充分小, 使得括号内三个区间 $\mathrm{dist}(z,\pm 1) \leqslant \delta_0$, $|z-0| \leqslant \delta_0$ 彼此不相交. 因此挖掉三个小区间, 利用 (2.3.5)-(2.3.6), 有

$$|\partial_z^j r(z)| \leqslant C_{\delta_0} \langle z \rangle^{-1}, \quad j = 0,1. \tag{3.1.21}$$

我们考虑 $r(z)$ 在 $z=1$ 附近的有界性. 设 $|z-1| \leqslant \delta_0$, 利用 (3.1.17), 将 $r(z)$ 改写为

$$r(z) = \frac{s_{21}(z)}{s_{11}(z)} = \frac{\det[\psi_1^+(z,x), \psi_1^-(z,x)]}{\det[\psi_1^-(z,x), \psi_2^+(z,x)]} = \frac{-s_+ + \displaystyle\int_1^z F(s)ds}{s_+ + \displaystyle\int_1^z G(s)ds}, \tag{3.1.22}$$

其中

$$F(s) = \frac{1}{2}\partial_z \det[\psi_1^+(z,x), \psi_1^-(z,x)], \quad G(s) = \frac{1}{2}\partial_z \det[\psi_1^-(z,x), \psi_2^+(z,x)].$$

如果 $s_+ \neq 0$, 则由 (3.1.22) 可知, $r(z)$ 可导, 并且 $r'(z)$ 在 $z=1$ 附近存在且有界. 如果 $s_+ = 0$, 则由 (3.1.8), 知道 $z=1$ 不再是 $s_{11}(z)$, $s_{21}(z)$ 的极点, $s_{11}(z)$, $s_{21}(z)$ 在 $z=1$ 连续, 且 (3.1.22) 化为

$$r(z) = \frac{\displaystyle\int_1^z F(s)ds}{\displaystyle\int_1^z G(s)ds}. \tag{3.1.23}$$

由 (3.1.3), 得到

$$(z^2-1)s_{11}(z) = z^2 \det[\psi_1^-, \psi_2^+],$$

对上式微分, 并注意到 $\det[\psi_1^-(1,x), \psi_2^+(1,x)] = s_+ = 0$, 得到

$$2s_{11}(1) = \partial_z \det[\psi_1^-(z,x), \psi_2^+(z,x)]\bigg|_{z=1} = G(1), \tag{3.1.24}$$

由命题 3.1.1 的 (2) 和 $s_{11}(z)$, $s_{21}(z)$ 的连续性,

$$|s_{11}(1)|^2 = 1 + |s_{21}(1)|^2 \geqslant 1, \tag{3.1.25}$$

比较 (3.1.24) 和 (3.1.25), 可见 $G(1) = 2s_{11}(1) \neq 0$. 由 L'Hospital 法则,

$$r(1) = \lim_{z\to 1} \frac{\displaystyle\int_1^z F(s)ds}{\displaystyle\int_1^z G(s)ds} = \frac{F(1)}{G(1)},$$

$$r'(z) = \frac{F(z)\displaystyle\int_1^z G(s)ds - G(z)\displaystyle\int_1^z F(s)ds}{\left(\displaystyle\int_1^z G(s)ds\right)^2},$$

$$\lim_{z\to 1} r'(z) = \frac{F'(1)G(1) - G'(1)F(1)}{2G(1)^2}.$$

因此 $r'(z)$ 在 $z=1$ 附近有界, 同理 $r'(z)$ 在 $z=-1$, 0 附近也有界, 再由 (3.1.21), 知道 $r'(z) \in L^2(\mathbb{R})$. □

注意到

$$|r| < 1, \quad z \neq \pm 1, \quad \lim_{z\to 0} r(z) = 0, \quad \lim_{z\to \pm 1} r(z) = \mp 1.$$

引理 3.1.1 对于固定 $\delta \in (0,1)$, 并设 $\delta \leqslant 1-|r|^2 \leqslant 1$, 则有

$$|\log(1-|r|^2)| \leqslant M_\delta |r|^2, \tag{3.1.26}$$

其中 M_δ 与 δ 有关的常数.

证明 令 $y=|r|^2<1$, 则将要证的不等式变形为

$$|\log(1-y)| = |\log(1-y)^{-1}| = \log(1-y)^{-1} \leqslant M_\delta y.$$

证明存在 $0 \leqslant M_\delta$ 使得

$$g(y) = \log(1-y)^{-1} - M_\delta y \leqslant 0.$$

只需

$$M_\delta \geqslant \frac{\log(1-y)^{-1}}{y},$$

由于 $\delta \leqslant 1-y<1$, 代入上式, 则可取 $M_\delta = \log\delta/(\delta-1)$. □

注 3.1.1 $r \in H^1 \Longrightarrow r \in L^\infty$, 对于 $1 \leqslant p < \infty$, 仍有 $|r|^{2p-2} \in L^\infty$, 因此

$$\|r^2\|_{L^p}^p = \int_{\mathbb{R}} |r|^{2p} dx = \int_{\mathbb{R}} |r|^2 |r|^{2p-2} dx \leqslant c \int_{\mathbb{R}} |r|^2 dx = c\|r\|_{L^2}^2.$$

对于 $2 \leqslant p < \infty$, 也有 $|r|^{p-2} \in L^\infty$, 因此

$$\|r\|_{L^p}^p = \int_{\mathbb{R}} |r|^p dx = \int_{\mathbb{R}} |r|^2 |r|^{p-2} dx \leqslant c \int_{\mathbb{R}} |r|^2 dx = c\|r\|_{L^2}^2.$$

► $f \in H^1 \Longrightarrow f \in L^p$, $2 \leqslant p \leqslant \infty$. 对 $p=\infty$, 用 Sobolev 不等式

$$\|f\|_{L^\infty} \leqslant c\|f\|_{L^2}\|f_x\|_{L^2}.$$

对 $2 \leqslant p < \infty$, 用上述结果, 仍有 $f^{p-2} \in L^\infty$, 此时 L^p 范数可用 L^2 范数估计:

$$\|f\|_{L^p}^p = \int_{\mathbb{R}} |f|^p dx = \int_{\mathbb{R}} |f|^2 |f|^{p-2} dx \leqslant c \int_{\mathbb{R}} |f|^2 dx = c\|f\|_{L^2}^2.$$

► $f \in L^{2,1} \Longrightarrow f \in L^1$, 用 Hölder 不等式

$$\|f\|_{L^1} = \int_{\mathbb{R}} |f| dx = \int_{\mathbb{R}} \langle x\rangle^{-1} \langle x\rangle |f| dx \leqslant \|\langle x\rangle^{-1}\|_{L^2} \|f\|_{L^{2,1}}.$$

▶ 合并上述两个结果: $f \in H^{1,1} \Longrightarrow f \in L^p,\ 1 \leqslant p \leqslant \infty$.

命题 3.1.3 如果 $q(x) - \tanh x \in \Sigma_2$, 则

$$\| \log(1 - |r|^2) \|_{L^p(\mathbb{R})} < \infty, \quad p \geqslant 1.$$

证明 由 $\lim_{z\to\pm 1} r(z) = \mp 1$, 推知

$$\lim_{z\to\pm 1} |s_{11}(z)|^{-2} = \lim_{z\to\pm 1} (1 - |r(z)|^2) = 0, \tag{3.1.27}$$

因此 $\log(1 - |r(z)|^2)$ 在 $z = \pm 1$ 附近无界且为 $s_{11}(z)$ 的极点. 由 (3.1.27), 对固定 $\delta \in (0,1)$, 存在两个彼此不相交的邻域 $O(\pm 1, \varepsilon)$, 使得对于 $z \in O(\pm 1, \varepsilon)$, 有 $1 - |r|^2 < \delta$, 从而对 $z \in \mathbb{R} \setminus O(\pm 1, \varepsilon)$, 有 $\delta \leqslant 1 - |r|^2 \leqslant 1$. 令

$$K = \mathbb{R} \setminus (O(-1, \varepsilon) \cup O(1, \varepsilon)) = \{z \in \mathbb{R} : 1 - |r(z)|^2 \in [\delta, 1]\},$$

见图 3.1.

K -1 K 1 K

$-1-\varepsilon$ $-1+\varepsilon$ $1-\varepsilon$ $1+\varepsilon$

图 3.1 固定 $\delta > 0$, 将 $\log(1 - |r(z)|^2)$ 在实轴上的积分分成两个区间 K 和 $\mathbb{R} \setminus K$ 分别处理

在 K 上定义示性函数

$$\chi(z) = \begin{cases} 1, & z \in K, \\ 0, & z \in \mathbb{R} \setminus K, \end{cases}$$

对于 $z \in K$, 有 $|r(z)| < 1$, 由 (3.1.26) 可知 $|\log(1 - |r|^2)| \leqslant M_\delta |r|^2$, 并注意到 $1 - |r(z)|^2 = |s_{11}(z)|^{-2}$, 因此

$$\begin{aligned} \| \log(1 - |r|^2) \|_{L^p(\mathbb{R})} &\leqslant \| \chi \log(1 - |r|^2) \|_{L^p(\mathbb{R})} + \| (1 - \chi) \log(1 - |r|^2) \|_{L^p(\mathbb{R})} \\ &\leqslant M_\delta \| \chi r^2 \|_{L^p(\mathbb{R})} + \| 2(1 - \chi) \log |s_{11}| \|_{L^p(\mathbb{R})} \\ &\leqslant M_\delta \| r \|_{L^2(\mathbb{R})}^{2/p} + \| 2(1 - \chi) \log |s_{11}| \|_{L^p(\mathbb{R})}. \end{aligned}$$

如下估计第二项, 对于 $q(x) - \tanh x \in \Sigma_2$, 可推知 $\psi_1^-, \psi_2^+ \in L^\infty_{\mathrm{loc}}(\mathbb{R} \setminus \{0\})$, 并且 $\det[\psi_1^-, \psi_2^+] \sim |z|^{-2},\ z \neq 0$, 由恒等式

$$(z^2 - 1) s_{11}(z) = z^2 \det[\psi_1^-, \psi_2^+] \in L^\infty_{\mathrm{loc}}(\mathbb{R} \setminus \{0\}),$$

可知 $(z^2 - 1) s_{11}(z) \in L^\infty_{\mathrm{loc}}(\mathbb{R} \setminus \{0\})$, 在 $z = \pm 1$ 附近有界的.

由 (3.1.18) 可知

$$s_{11}(z)=\frac{\det[\psi_1^-(\pm 1,x),\psi_2^+(\pm 1,x)]}{2(z\mp 1)}+\mathcal{O}(1),$$

由于 $z=\pm 1$ 为 $s_{11}(z)$ 的极点, 推知 $\det[\psi_1^-(\pm 1),\psi_2^+(\pm 1)]\neq 0$. 因此由连续性, 在 $z=\pm 1$ 的某邻域 $(\pm 1-\varepsilon,\pm 1+\varepsilon)$ 内 $(z^2-1)s_{11}(z)=\det[\psi_1^-(z),\psi_2^+(z)]\neq 0$. 从而 $(z^2-1)s_{11}(z)\in L^\infty((\pm 1-\varepsilon,\pm 1+\varepsilon))$, 因此

$$\begin{aligned}\|(1-\chi)\log|s_{11}|\|_{L^p(\mathbb{R})}&\leqslant\left\|(1-\chi)\log\left(\frac{1}{|z^2-1|}\right)\right\|_{L^p(\mathbb{R})}\\&\quad+\left\|(1-\chi)\log\left(|(z^2-1)s_{11}|\right)\right\|_{L^p(\mathbb{R})}\\&\leqslant\left\|(1-\chi)\log\left(\frac{1}{|z^2-1|}\right)\right\|_{L^p(\mathbb{R})}\\&\quad+\left\|\log\left(|(z^2-1)s_{11}|\right)\right\|_{L^\infty_{\mathrm{loc}}(\mathbb{R})}\|(1-\chi)\|_{L^p(\mathbb{R})}\\&\leqslant\left\|\log\left(\frac{1}{|z^2-1|}\right)\right\|_{L^p(\pm 1-\varepsilon,\pm 1+\varepsilon)}\\&\quad+\left\|\log\left(|(z^2-1)s_{11}|\right)\right\|_{L^\infty_{\mathrm{loc}}(\pm 1-\varepsilon,\pm 1+\varepsilon)}\|1\|_{L^p(\pm 1-\varepsilon,\pm 1+\varepsilon)}.\end{aligned}$$

只需考虑第一个积分存在, 作为说明性例子, 只证明如下积分收敛性

$$\begin{aligned}\left\|\log\left(\frac{1}{|z^2-1|}\right)\right\|^p_{L^p(1,1+\varepsilon)}&\leqslant\left\|\log\left(\frac{1}{z-1}\right)\right\|^p_{L^p(1,1+\varepsilon)}\\&=\int_1^{1+\varepsilon}\log^p\left(\frac{1}{z-1}\right)dz=\int_{1/\varepsilon}^{\infty}\frac{\log^p y}{y^2}dy.\end{aligned}$$

由于 $\lim_{y\to\infty}\dfrac{y^{3/2}\log^p y}{y^2}=\lim_{y\to\infty}\dfrac{\log^p y}{y^{1/2}}=0$. 因此上述积分对任意 $p\geqslant 1$ 都收敛. □

注 3.1.2 对聚焦 NLS 方程, 在移除第二种跳跃矩阵分解中间矩阵, 需要引入 δ

$$\delta(z)=\exp\left[\frac{1}{2\pi i}\int_{-\infty}^{z_0}\frac{\log(1+|r(s)|^2)}{s-z}ds\right],$$

其中出现这样项 $\log(1+|r(z)|^2)$. 这个函数很好, 在整个实轴上都没有奇性, 并且

$$\log(1+|r|^2)\sim 2|r(z)|,$$

因此如果 $r(z)\in H^1(\mathbb{R})$, 则有 $\log(1+|r|^2)\in H^1(\mathbb{R})$.

但对于散焦 NLS 方程, 所出现的项为 $\log(1-|r(z)|^2)$, 在 $z=\pm1$ 有奇性. 解决办法: 将 $\log(1-|r(z)|^2)$ 在 $z=\pm1$ 的奇性转嫁到函数 $\log|s_{11}(z)|$, 之后又转嫁到函数 $\log|(z^2-1)^{-1}|$, 而 $\log|(z^2-1)^{-1}|$ 作为被积函数的广义积分在 $z=\pm1$ 附近是存在的. 这种转嫁的根本原因在于 $\log(1-|r(z)|^2)$ 和 $\log|s_{11}(z)|$ 都不是具体函数, 其在 $z=\pm1$ 附近的广义积分无法直接计算判别其收敛性, 而 $\log|(z^2-1)^{-1}|$ 可以. 能做到这点是因为有如下等价关系:

$$\log(1-|r(z)|^2)=-2\log|s_{11}(z)|\sim c\log|(z^2-1)^{-1}|.$$

具体解决过程: 固定 $\delta>0$, 将 $\log(1-|r(z)|^2)$ 在实轴上分两个区间 K 和 $\mathbb{R}\setminus K$ 分别处理

$$\log(1-|r(z)|^2)\begin{cases}\sim|r(z)|^2, & z\in K,\\ =-2\log|s_{11}(z)|, & z\in\mathbb{R}\setminus K,\end{cases}$$

注意到 $s_{11}(z)\to\infty,\ z\to\pm1$, 而且

$$s_{11}(z)=-\frac{\det[\psi_1^-(\pm1,x),\psi_2^+(\pm1,x)]}{2(z\mp1)}+\mathcal{O}(1),$$

可见这个奇性是由于 $z=\pm1$ 为 $s_{11}(z)$ 的一阶极点造成的. 因此 $s_{11}(z)$ 乘上函数 z^2-1 后自然消除了奇性, 令人欣慰的是有恒等式

$$(z^2-1)s_{11}(z)=z^2\det[\psi_1^-,\psi_2^+]\in L^\infty_{\mathrm{loc}}(\mathbb{R}\setminus\{0\}),$$

据此我们可以做分解

$$\log|s_{11}(z)|=\log|(z^2-1)^{-1}|+\log|(z^2-1)s_{11}(z)|.$$

第一个属于 $L^p(\mathbb{R}\setminus K)$, 第二个属于 $L^\infty(\mathbb{R}\setminus K)$.

3.1.3 离散谱的分布

假设 $s_{11}(z)$ 的零点 $z_k\in\overline{\mathbb{C}^+}$, $k=1,2,\cdots$. 则由对称性, $\bar{z}_k\in\mathbb{C}^-$, $k=1,2,\cdots$ 为 $s_{22}(z)$ 的零点.

命题 3.1.4 如果 $q(x)-\tanh x\in L^{1,2}(\mathbb{R})$, 则

(1) $s_{11}(z)$ 在实轴上没有谱奇性, 在 $\mathbb{C}$ 中的零点为简单的、有限个, 且分布在单位圆周上. 假设 $s_{11}(z)$ 在 $\mathbb{C}^+$ 上的零点为 z_k, $k\in H=\{0,1,\cdots,N-1\}$, 定义离散谱集

$$\mathcal{Z}^+=\{z_k\in\mathbb{C}^+:s_{11}(z_k)=0,\ z_k=e^{i\omega_k},\ 0<\omega_k<\pi,\ k\in H\}.$$

在 $\mathbb{C}^-$ 上的离散谱集为

$$\mathcal{Z}^- = \{\bar{z}_k \in \mathbb{C}^- : s_{22}(\bar{z}_k) = 0, z_k = e^{i\omega_k},\ -\pi < \omega_k < 0,\ k \in H\}.$$

(2) $\dfrac{\partial s_{11}}{\partial \lambda}(z_k)$ 和 γ_k 为纯虚数, 满足

$$\operatorname{sgn}(-i\gamma_k) = -\operatorname{sgn}\left(-i\frac{\partial s_{11}}{\partial \lambda}(z_k)\right).$$

证明 由 (3.1.10), $\psi_1^-(z_k)$, $\psi_2^+(z_k)$ 线性相关, 存在关联系数 γ_k, 使得

$$\psi_1^-(z_k) = \gamma_k \psi_2^+(z_k). \tag{3.1.28}$$

两边取共轭, 并利用对称性 (2.3.11), 得到

$$\psi_2^-(\bar{z}_k) = \overline{\gamma}_k \psi_1^+(\bar{z}_k). \tag{3.1.29}$$

对于单位圆周上的谱点 z_k, 有 $z_k = \bar{z}_k^{-1}$, 将 (3.1.28) 中的 z_k 换成 $\bar{z}_k^{-1}$, 再取共轭, 得到

$$\overline{\psi_1^-(\bar{z}_k^{-1};x)} = \overline{\gamma_k}\,\overline{\psi_2^+(\bar{z}_k^{-1};x)},$$

再利用对称性 (2.3.12),

$$-z_k\sigma_1\psi_1^-(z_k;x) = \overline{\gamma_k} z_k \sigma_1 \psi_2^+(z_k;x),$$

从而有

$$\psi_1^-(z_k;x) = -\overline{\gamma_k}\psi_2^+(z_k;x). \tag{3.1.30}$$

与 (3.1.28) 比较, 得到 $\overline{\gamma_k} = -\gamma_k$, 即 $\gamma_k \in i\mathbb{R}$.

$$\left.\frac{\partial s_{11}(z)}{\partial \lambda}\right|_{z=z_k} = \frac{1}{\gamma}[\det(\partial_\lambda\psi_1^-, \psi_2^+) + \det(\psi_1^-, \partial_\lambda\psi_2^+)]\Big|_{z=z_k}. \tag{3.1.31}$$

利用关系式

$$L^{\mathrm{T}}\sigma = \begin{pmatrix} -i\lambda & i\bar{q} \\ -iq & i\lambda \end{pmatrix}\begin{pmatrix} 0 & 1 \\ -1 & 0 \end{pmatrix} = -\sigma L.$$

我们可得到

$$\begin{aligned}\det(L\partial_\lambda\psi_1^-, \psi_2^+) &= (L\partial_\lambda\psi_1^-)^{\mathrm{T}}\sigma\psi_2^+ = (\partial_\lambda\psi_1^-)^{\mathrm{T}}L^{\mathrm{T}}\sigma\psi_2^+ \\ &= -(\partial_\lambda\psi_1^-)^{\mathrm{T}}\sigma L\psi_2^+ = -\det(\partial_\lambda\psi_1^-, L\psi_2^+).\end{aligned} \tag{3.1.32}$$

由谱问题 (2.1.3), 得到

$$\partial_x\partial_\lambda\psi_1^- = \partial_\lambda\partial_x\psi_1^- = \partial_\lambda(L\psi_1^-) = L_\lambda\psi_1^- + L\partial_\lambda\psi_1^-, \tag{3.1.33}$$

$$L_\lambda = -i\sigma_3, \quad \partial_x\psi_2^+ = L\psi_2^+. \tag{3.1.34}$$

将 (3.1.31) 中的第一个行列式对 x 求导, 并利用 (3.1.32)—(3.1.34)

$$\begin{aligned}\frac{\partial}{\partial x}\det(\partial_\lambda\psi_1^-, \psi_2^+) &= \det(L_\lambda\psi_1^-, \psi_2^+) + \det(L\partial_\lambda\psi_1^-, \psi_2^+) + \det(\partial_\lambda\psi_1^-, L\psi_2^+)\\ &= -i\det(\sigma_3\psi_1^-, \psi_2^+).\end{aligned} \tag{3.1.35}$$

类似地

$$\begin{aligned}\frac{\partial}{\partial x}\det(\psi_1^-, \partial_\lambda\psi_2^+) &= \det(\psi_1^-, L_\lambda\psi_2^+) + \det(\psi_1^-, L\partial_\lambda\psi_2^+) + \det(L\psi_1^-, \partial_\lambda\psi_2^+)\\ &= -i\det(\psi_1^-, \sigma_3\psi_2^+).\end{aligned} \tag{3.1.36}$$

注意到

$$\psi_1^-(z,x) \sim \begin{pmatrix} 1 \\ -z^{-1} \end{pmatrix} e^{-i\zeta(z)x}, \quad x \to -\infty,$$

$$\psi_2^+(z,x) \sim \begin{pmatrix} z^{-1} \\ 1 \end{pmatrix} e^{i\zeta(z)x}, \quad x \to +\infty,$$

$$\partial_\lambda\psi_1^-(z,x) \sim \begin{pmatrix} 1 \\ 2(z^2-1)^{-1} + iz^{-1}x \end{pmatrix} e^{-i\zeta(z)x}, \quad x \to -\infty,$$

特别在 z_k 点上, 利用 (3.1.28), 可得到

$$\det(\partial_\lambda\psi_1^-, \psi_2^+) \sim -\gamma_k^{-1}\left[2(z_k^2-1)^{-1} + iz_k^{-1}x - z_k^{-1}\right] e^{2\mathrm{Im}(z_k)x} \to 0, \quad x \to -\infty. \tag{3.1.37}$$

类似地

$$\det(\psi_1^-, \partial_\lambda\psi_2^+) \sim \gamma_k\left[2(z_k^2-1)^{-1} + iz_k^{-1}x - z_k^{-1}\right] e^{-2\mathrm{Im}(z_k)x} \to 0, \quad x \to +\infty. \tag{3.1.38}$$

利用 (3.1.37)-(3.1.38), 对方程 (3.1.35)-(3.1.36) 分别在 $(-\infty, x)$, $(x, +\infty)$ 上进行积分, 得到

$$\det(\partial_\lambda\psi_1^-, \psi_2^+) = -i\gamma_k\int_{-\infty}^{x}\det[\sigma_3\psi_2^+(z_k,s), \psi_2^+(z_k,s)]ds,$$

$$\det(\psi_1^-, \partial_\lambda\psi_2^+) = -i\gamma_k\int_{x}^{\infty}\det[\sigma_3\psi_2^+(z_k,s), \psi_2^+(z_k,s)]ds.$$

两式相加, 并利用 $\psi_2^+(z_k,s)=z_k^{-1}\sigma_1\overline{\psi_2^+(z_k,s)}$, 得到

$$\left.\frac{\partial s_{11}(z)}{\partial\lambda}\right|_{z=z_k}=\frac{-i\gamma_k}{2\zeta(z_k)}\int_{-\infty}^{\infty}|\psi_2^+(z_k,x)|^2dx\neq 0. \tag{3.1.39}$$

因此 z_k 为 $s_{11}(z)$ 的简单零点. 对于 $z_k=e^{i\theta_k}$, 有

$$|\lambda(z_k)|=|(z_k+z_k^{-1})/2=\cos\theta_k|<1,\quad \theta_k\neq 0,\ \pi.$$

因此由前面讨论, 此时 $\zeta(z_k)$ 为纯虚的. 由 (3.1.39) 可知, $\dfrac{\partial s_{11}(z_k)}{\partial\lambda}$ 为纯虚的, 且由此推出

$$-\left.i\frac{\partial s_{11}(z)}{\partial\lambda}\right|_{z=z_k}=i\gamma_k\ \frac{1}{2|\zeta(z_k)|}\int_{-\infty}^{\infty}|\psi_2^+(z_k,x)|^2dx\neq 0.$$

因此

$$\operatorname{sgn}(i\gamma_k)=-\operatorname{sgn}\left(i\frac{\partial s_{11}}{\partial\lambda}(z_k)\right). \qquad \square$$

可以看到方程是对整个复平面上的 z 求解谱问题 (2.1.3) 的, 可能有些点是正则点, 有些点是谱点, 有的特征函数属于 L^2, 有的不属于 L^2, 等等. 我们在属于 L^2 的特征函数类中寻找 $s_{11}(z)$ 在上半平面的零点, 并证明是有限个.

▶ **探测 $s_{11}(z)$ 的零点分布范围** 前面已经证明谱算子 A 是自伴的, 相应的谱 λ 是实的. 新的谱参数 z 分布在实轴和单位圆上, 因此 $s_{11}(z)$ 的零点也只能在实轴和单位圆上. 而在实轴上

$$|s_{11}(z)|^2=1+|s_{21}(z)|^2,\quad z\neq 0,\pm 1, \tag{3.1.40}$$

以及 $z=0$ 来自谱奇性, $s_{11}(z)$ 在 $z=0$ 点没定义, 且 $|s_{11}(z)|\to 1,\ z\to 0$. 因此 $z=0$ 不是零点, 这点距离圆周的距离为 1, 因此也不会是聚点. 现在 $s_{11}(z)$ 除了 $z=\pm 1$, 没有其他零点的可能.

▶ **排除 $z=\pm 1$ 为 $s_{11}(z)$ 的零点** 构造函数

$$f(z)=\det[\psi_1^-(z,x),\psi_2^+(z,x)],$$

则 $f(z)$ 在 $\mathrm{Im}z>0$ 解析、可微, 并连续到 $z=\pm 1$, $f(z)=0, s_{11}(z)=0,\ z\neq\pm 1$. 如果 $f(1)\neq 0$, 则由 (3.1.8) 知道, $z=\pm 1$ 为 $s_{11}(z)$ 的真极点, 自然不是零; 如果 $f(1)=0$, 则 $s_{11}(z), s_{21}(z)$ 在 $z=\pm 1$ 处连续, 在 (3.1.40) 中, 令 $z\to\pm 1$, 则

$$|s_{11}(\pm 1)|^2=1+|s_{21}(\pm 1)|^2\geqslant 1.$$

以上实际证明了 $s_{11}(z)$ 在整个实轴上没有零点.

▶ **排除 $z=\pm1$ 为 $s_{11}(z)$ 的零聚点** 假设 $f(z)$ 在圆周上 $D=\{z:z=e^{i\theta},\ [0,\pi]\}$ 有无穷多零点, 由 Bolzano-Weierstrss 定理, 至少有一个聚点, 但由解析函数零点的孤立性, 聚点只能在 $z=\pm1$ 产生, 不妨假设 $z=1$ 为聚点. 因此存在收敛点列 $\{z_j=e^{\theta_j}\}_{j=1}^{\infty}$ 满足

$$z_j=e^{\theta_j}\to1,\quad j\to\infty,\quad f(z_j)=0. \tag{3.1.41}$$

由 $f(z)$ 在 $z=1$ 的连续性知道

$$0=\lim_{j\to\infty}f(z_j)=f(1)=s_+.$$

仍然由 (3.1.8) 知道, $s_{11}(z),s_{21}(z)$ 在 $z=1$ 处连续, 在 (3.1.40) 中, 令 $z\to1$, 则

$$|s_{11}(1)|^2=1+|s_{21}(1)|^2\geqslant1. \tag{3.1.42}$$

$z\in D$, $f(z)$ 可看作定义在实区间 $[0,\pi]$ 上的复函数

$$f(z)=\det[\psi_1^-(e^{i\theta},x),\psi_2^+(e^{i\theta},x)]=u(\theta)+iv(\theta).$$

此时 $u(\theta),v(\theta)$ 都是定义在 $[0,\pi]$ 上的实函数. 同时序列 (3.1.41) 等价于

$$\theta_j\to0,\quad j\to\infty,\quad u(\theta_j)=0,\quad v(\theta_j)=0.$$

对于每个小区间 $[\theta_j,\theta_{j+1}]$ 上, 对函数 $u(\theta),v(\theta)$ 分别使用 Rolle 定理, 得到二串序列满足

$$\theta_j<\theta_j',\quad \theta_j''<\theta_{j+1},\quad j=1,2,\cdots,\quad u'(\theta_j')=0,\quad v'(\theta_j'')=0, \tag{3.1.43}$$

进一步,

$$\begin{aligned}&\theta_j',\ \theta_j''\to0\Longleftrightarrow\xi_j=e^{i\theta_j'},\ \eta_j=e^{i\theta_j''}\to1,\ j\to\infty,\\&ie^{i\theta_j'}f_z(\xi_j)=u'(\theta_j')+iv'(\theta_j'')+i(v'(\theta_j')-v'(\theta_j''))\to u'(0)+iv'(0)\\&\qquad=if_z(1),\quad j\to\infty,\end{aligned}$$

其中 $\partial_\theta f(z)=ie^{i\theta}f_z(z)$.

再由 (3.1.3), 得到

$$(z^2-1)s_{11}(z)=z^2f(z)=z^2g(\theta).$$

上式在 $z=\xi_j$ 求导, 得到

$$2\xi_j s_{11}(\xi_j)+(\xi_j^2-1)s_{11}'(\xi_j)=2\xi_j f(\xi_j)+\xi_j^2 f_z(\xi_j).$$

取极限 $j\to\infty$, 得到

$$2s_{11}(1)=f_z(1)=0.$$

此式与 (3.1.42) 矛盾.

迹公式为

$$s_{11}(z)=\prod_{k=0}^{N-1}\frac{z-z_k}{z-\bar{z}_k}\exp\left(i\int_{\mathbb{R}}\frac{\nu(s)}{s-z}ds\right), \tag{3.1.44}$$

$$\nu(s)=-\frac{1}{2\pi}\log(1-|r(s)|^2). \tag{3.1.45}$$

该迹公式反映了离散谱与反射系数之间的联系. 令 $z\to 0$, 可知

$$\prod_{k=0}^{N-1}z_k^2=s_{11}(0)\exp\left(-i\int_{\mathbb{R}}\frac{\nu(s)}{s}ds\right)=-\exp\left(-i\int_{\mathbb{R}}\frac{\nu(s)}{s}ds\right). \tag{3.1.46}$$

注 3.1.3

$$\begin{aligned}
&\zeta(z^{-1})=-\frac{1}{2}(z-1/z)=-\zeta(z),\quad \lambda(z^{-1})=\frac{1}{2}(z+1/z)=\lambda(z),\\
&\theta(z^{-1})=-\zeta(z)[x/t-2\lambda(z)]=-\theta(z).\\
&\overline{\zeta(\bar{z})}=\zeta(z),\quad \overline{\lambda(\bar{z})}=\lambda(z),\quad \overline{\theta(\bar{z})}=\theta(z).
\end{aligned} \tag{3.1.47}$$

特别对 $z\in\{z:|z|=1\}$,

$$z^{-1}=\bar{z},\quad \theta(\bar{z})=\theta(z^{-1})=-\theta(z),\quad \overline{2it\theta(\bar{z})}=2it\theta(z).$$

注 3.1.4 前面在考虑 Lax 对 (2.1.3) 的特征函数时, 我们采用 Fokas 的做法, Lax 对 (2.1.3) 的空间谱问题和时间谱问题同时考虑, 特征函数和散射数据已经带有时间, 不需要再做时间演化. 但如果按照 Cuccagna 做法, 前面只考虑空间谱问题, 此时 t 只是作为参数出现, 但实际上特征函数 $\psi^{\pm}(x,z)$ 同时满足时间谱

问题, 应该与时间 t 有关, 得到的散射数据 $s_{11}(z), s_{21}(z)$ 和 $r(z)$ 也与时间有关, 因此考虑散射数据 $s_{11}(z), s_{21}(z)$ 和 $r(z)$ 的时间演化规律. 为强调 $t=0$ 和 t 时刻的特征函数和散射数据, 我们记为

$$
\begin{aligned}
&\psi^{\pm}(x,0,z),\ m^{\pm}(x,0,z),\ s_{11}(0,z),\ s_{21}(0,z),\ r(0,z),\ \cdots,\\
&\psi^{\pm}(x,t,z),\ m^{\pm}(x,t,z),\ s_{11}(t,z),\ s_{21}(t,z),\ r(t,z),\ \cdots.
\end{aligned} \tag{3.1.48}
$$

由于 $\psi^{\pm}(x,z)$ 不能满足 Lax 对 (2.1.3) 的时间谱问题, 这说明 $\psi^{\pm}(x,t,z)$ 与 $\psi^{\pm}(x,0,z)$ 之间相差一个依赖时间的函数:

$$
\psi^{\pm}(x,t,z)=g(t,z)\psi^{\pm}(x,0,z).
$$

将其代入 Lax 对 (2.1.3) 的时间谱问题, 并令 $x\to\pm\infty$, 得到 $g(t,\lambda)=e^{-2i\zeta(z)\lambda(z)t}$, 因此

$$
\psi^{\pm}(x,t,z)=\psi^{\pm}(x,z)e^{-2i\zeta(z)\lambda(z)t},
$$

将其代入散射关系 (2.3.8), 并令 $x\to\pm\infty$, 得到

$$
\begin{aligned}
&s_{11}(t,z)=s_{11}(0,z),\quad b(z,t)=b(0,z)e^{-4i\zeta(z)\lambda(z)t},\quad r(z,t)=r(0,z)e^{-4i\zeta(z)\lambda(z)t};\\
&z_k(t)=z_k(0),\quad \gamma_k(t)=\gamma_k(0)e^{-4i\zeta(z)\lambda(z)t}.
\end{aligned}
$$

3.2 RH 问题及其在 L^2 上的可解性

根据特征函数 $m^{\pm}(z;x,t), s_{11}(z)$ 的解析性和散射关系 (2.3.8), 定义

$$
m(z)=m(z;x,t)=\begin{cases}
(m_1^-(z;x,t)/s_{11}(z),\, m_2^+(z;x,t)), & z\in\mathbb{C}_+,\\
(m_1^+(z;x,t),\, m_2^-(z;x,t)/\overline{s_{11}(\bar z)}), & z\in\mathbb{C}_-,
\end{cases}
$$

则可以验证 $m(z)$ 满足如下 RH 问题.

RHP 3.2.1 寻找矩阵函数 $m(z)=m(z;x,t)$ 满足

- 解析性: $m(z)$ 在 $\mathbb{C}\setminus\mathbb{R}$ 内亚纯.
- 对称性: $m(z)=\sigma_1\overline{m(\bar z)}\sigma_1, m(z^{-1})=zm(z)\sigma_1$.
- 奇性: $m(z)$ 具有奇性点 $z=0$, $zm(z)\to\sigma_1, z\to 0$.
- 渐近性: $m(z)\to I, z\to\infty$.
- 跳跃条件: $m_+(z)=m_-(z)v(z), z\in\mathbb{R}$, 其中跳跃矩阵为

$$
v(z)=\begin{pmatrix} 1-|r(z)|^2 & -e^{-2it\theta(z)}\bar r(z)\\ e^{2it\theta(z)}r(z) & 1\end{pmatrix}, \tag{3.2.1}
$$

其中 $\theta(z) = \zeta(z)\dfrac{x}{t} - 2\zeta(z)\lambda(z) = \dfrac{1}{2}\dfrac{x}{t}(z - z^{-1}) - \dfrac{1}{2}(z^2 - z^{-2})$.

▶ 留数条件: $m(z)$ 在简单极点 $z_k \in \mathcal{Z} = \mathcal{Z}^+ \cup \mathcal{Z}^-$ 满足留数条件

$$\operatorname*{Res}_{z=z_k} m(z) = \lim_{z\to z_k} m(z)\begin{pmatrix} 0 & 0 \\ c_k e^{2it\theta(z_k)} & 0 \end{pmatrix}, \tag{3.2.2}$$

$$\operatorname*{Res}_{z=\bar{z}_k} m(z) = \lim_{z\to \bar{z}_k} m(z)\begin{pmatrix} 0 & -\bar{c}_k e^{-2it\theta(\bar{z}_k)} \\ 0 & 0 \end{pmatrix}, \tag{3.2.3}$$

其中

$$c_k = \frac{s_{21}(z_k)}{s'_{11}(z_k)} = \frac{4iz_k}{\displaystyle\int_{\mathbb{R}} |\psi_2^+(z_k)|^2 dx} = iz_k|c_k| \quad (\text{因为 } |z_k| = 1). \tag{3.2.4}$$

这是一个跳跃在实轴上、极点分布在单位圆周上的 RH 问题, 如图 3.2, NLS 方程的解可用重构公式给出

$$q(x,t) = \lim_{z\to\infty} (zm(x,t))_{21}. \tag{3.2.5}$$

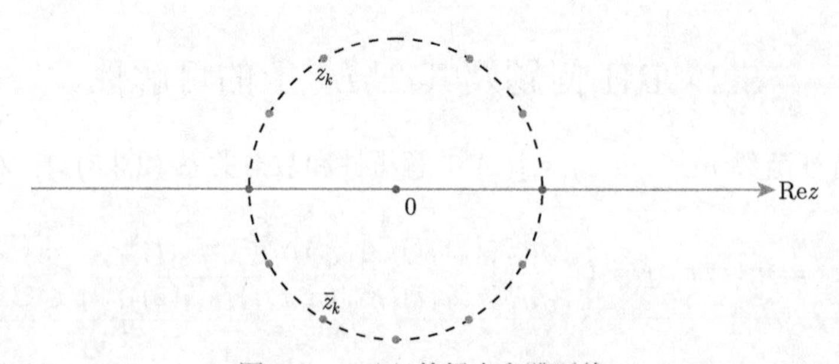

图 3.2　$m(z)$ 的极点和跳跃线

根据 Deift 的思想 [72], 利用适当的 Darboux 变换, 上述 RH 问题可以转化为无极点的 RH 问题.

RHP 3.2.2　寻找矩阵函数 $N(z) = N(z;x,t)$ 满足

▶ 解析性: $N(z)$ 在 $C \setminus \mathbb{R}$ 内解析.

▶ 对称性: $N(z) = \sigma_1\overline{N(\bar{z})}\sigma_1, N(z^{-1}) = zN(z)\sigma_1$.

▶ 奇性: $N(z)$ 具有奇性点 $z = 0$, $zN(z) \to \sigma_1, z \to 0$.

▶ 渐近性: $N(z) \to I, z \to \infty$.

▶ 跳跃条件: $N_+(z) = N_-(z)v(z), z \in \mathbb{R}$.

为移除谱奇性点, 我们进一步做变换

$$N(z)=\left(I+\frac{1}{z}\sigma_1 M(0)^{-1}\right)M(z), \tag{3.2.6}$$

则 $M(z)$ 满足无谱奇性的 RH 问题.

RHP 3.2.3 寻找矩阵函数 $M(z)=M(z;x,t)$ 满足

▶ 解析性: $M(z)$ 在 $\mathbb{C}\setminus\mathbb{R}$ 内解析.

▶ 对称性: $M(z)=\sigma_1 M(0)^{-1}\overline{M(\bar{z})}\sigma_1$.

▶ 渐近性: $M(z)\to I, z\to\infty$.

▶ 跳跃条件: $M_+(z)=M_-(z)v(z), z\in\mathbb{R}$.

我们证明 M 满足 RHP 3.2.3, 则 N 满足 RHP 3.2.2. 首先验证跳跃条件

$$N_+(z)=\left(I+\frac{1}{z}\sigma_1 M(0)^{-1}\right)M_+(z)=\left(I+\frac{1}{z}\sigma_1 M(0)^{-1}\right)M_-(z)v(z)=N_-(z)v(z).$$

再验证 $z=0$ 的奇性: 假设 $M(z)=M(0)+z\widetilde{M}(z)$

$$\begin{aligned}N(z)&=\left(I+\frac{1}{z}\sigma_1 M(0)^{-1}\right)M(z)=\left(I+\frac{1}{z}\sigma_1 M(0)^{-1}\right)(M(0)+z\widetilde{M}(z))\\&=\frac{1}{z}\sigma_1+M(0)+z\widetilde{M}(z)+\sigma_1 M(0)^{-1}\widetilde{M}(z)=\frac{1}{z}\sigma_1+O(1),\quad z\to 0.\end{aligned}$$

因此如果 RHP 3.2.3 可解, 则 RHP 3.2.2 可解. 为使用消失引理证明上述 RHP 3.2.3 的解存在唯一性, 我们先做些准备工作. 记

$$v=I+S,\quad S_H=\frac{1}{2}(S+S^H),$$

则跳跃矩阵 v 的实部为

$$\frac{1}{2}\left[(I+S)+(I+S)^H\right]=I+S_H=\begin{pmatrix}1-|r(\lambda)|^2 & 0\\ 0 & 1\end{pmatrix},\quad \lambda\in i\mathbb{R}, \tag{3.2.7}$$

可见在 $\mathbb{R}\setminus\{\pm1\}$ 上跳跃矩阵实部 $I+S_H$ 都是正定的, 因此对 $\forall g\in\mathbb{C}^2$, 有

$$\mathrm{Re}[g^H(I+S)g]=\frac{1}{2}\left[g^H(I+S)g+(g^H(I+S)g)^H\right]=g^H(1+S_H)g>0,\quad z\neq\pm1.$$

而消失引理证明过程具体使用的是这个条件. 比 Zhou 消失引理使用的条件 $I+S_H$ 正定更弱, 也能保证消失引理成立. 另外, 通常消失引理要求 $S\in H^1\cap L^\infty$, 而如下命题 3.2.1 要求 $S\in L^2\cap L^\infty$.

我们用 Beal-Coifman 理论, 将 RHP 3.2.3 的可解性转化为 Fredholm 方程的可解性, 为此定义 Cauchy 积分算子

$$\mathcal{C}(f(z)) = \frac{1}{2\pi i}\int_{\mathbb{R}} \frac{f(s)}{s-z}ds$$

和投影算子

$$\mathcal{P}^{\pm}(f(z)) = \lim_{\varepsilon\to 0}\mathcal{C}(f(z\pm i\varepsilon)) = \lim_{\varepsilon\to 0}\frac{1}{2\pi i}\int_{\mathbb{R}}\frac{f(s)}{s-(z\pm i\varepsilon)}ds.$$

进一步对跳跃矩阵做平凡分解

$$I+S = b_-^{-1}b_+, \quad b_- = I, \quad b_+ = I+S,$$

则

$$w_- = 0, \quad w_+ = S, \quad w = w_- + w_+ = S.$$

定义 Cauchy 算子

$$C_w f = \mathcal{P}^+(fw_-) + \mathcal{P}^-(fw_+) = \mathcal{P}^-(fS). \tag{3.2.8}$$

根据 Beal-Coifman 理论, RHP 3.2.3 的解可由 Cauchy 给出

$$M(z) = I + \frac{1}{2\pi i}\int_{\mathbb{R}}\frac{\mu(x;s)S(x;s)}{s-z}ds = I + \mathcal{C}(\mu S), \tag{3.2.9}$$

$$M_+ = I + \mathcal{P}^+(\mu S) = \mu b_+, \quad M_- = I + \mathcal{P}^-(\mu S) = \mu b_- = \mu, \tag{3.2.10}$$

其中 μ 由下列 Beal-Coifman 方程给出

$$\mu - C_w\mu = I. \tag{3.2.11}$$

RHP 3.2.3 可解 $\Longleftrightarrow$ Beal-Coifman 方程 (3.2.11) 可解. 由 (3.2.8), (3.2.10), 方程 (3.2.11) 又可以写为

$$M_- = I + \mathcal{P}^-(M_-S) \Longleftrightarrow (I - \mathcal{P}_S^-)M_- = I, \tag{3.2.12}$$

其中 $\mathcal{P}_S^- M_- = \mathcal{P}^-(M_-S)$.

注 3.2.1 我们发现这里 $I\in L^\infty$, 如果 $S\in H^1\cap L^\infty$, 则 $M_\pm\in L^\infty$, 因此可在 L^∞ 空间上, 使用经典的 Zhou 消失引理, 证明 Fredholm 方程 (3.2.12) 存在唯一性, 但 $I\notin L^2$, 因此算子方程 (3.2.12) 在 L^2 中不可解.

为 L^2 中求解算子方程 (3.2.12), 做变换

$$G(z) = M(z) - I,$$

则可得到一个与 RHP 3.2.3 等价的 RH 问题.

RHP 3.2.4 寻找矩阵函数 $G(z) = G(z; x, t)$ 满足

▶ 解析性: $G(z)$ 在 $\mathbb{C} \setminus \mathbb{R}$ 内解析.

▶ 跳跃条件: 在 $\mathbb{R}$ 上满足跳跃关系:

$$G_+(z) - G_-(z) = G_-(z)S(z) + S(z). \tag{3.2.13}$$

▶ 渐近性: $G_\pm(z) \to 0, \quad z \to \infty$.

上述 RH 问题的解可用 Cauchy 积分表示

$$G(z) = \mathcal{C}[G_-(z)S(z) + S(z)], \quad z \in \mathbb{C}^\pm. \tag{3.2.14}$$

RHP 3.2.4 解的存在性等价于 $G_-(z) \in L^2$ 如下 Fredholm 积分方程的解

$$G_-(z) = \mathcal{P}^-[G_-(z)S(z) + S(z)], \quad z \in \mathbb{R} \tag{3.2.15}$$

存在性, 一旦 $G_-(x; z) \in L^2$ 从 Fredholm 积分方程 (3.2.15) 得到, 则 $G_+(z) \in L^2$ 可通过投影算子得到

$$G_+(z) = \mathcal{P}^+[G_-(z)S(z) + S(z)], \quad z \in \mathbb{R}. \tag{3.2.16}$$

我们证明一个比 (3.2.15) 更一般的结果.

命题 3.2.1 如果 $F(z) \in L^2(\mathbb{R})$, 则线性非齐次方程

$$(I - \mathcal{P}_S^-)G(z) = F(z), \quad z \in \mathbb{R} \tag{3.2.17}$$

存在唯一解 $G(z) \in L^2(\mathbb{R})$.

证明 $I - \mathcal{P}_S^-$ 是零指标的 Fredholm 算子, 因此 (3.2.17) 存在唯一解当且仅当对应齐次方程

$$(I - \mathcal{P}_S^-)g = 0 \tag{3.2.18}$$

在 $L^2(\mathbb{R})$ 中只有零解, 假设 (3.2.18) 存在非零行向量解 $g \in L^2(\mathbb{R})$. 由于 $S \in L^2(\mathbb{R}) \cap L^\infty(\mathbb{R})$, 定义

$$g_1(z) = \mathcal{C}(gS)(z), \quad g_2(z) = \mathcal{C}(gS)(z)^H.$$

则 $g_1(z), g_2(z)$ 在 $z \in \mathbb{C} \setminus \mathbb{R}$ 上解析, 特别对 $z \in \mathbb{C}^+$, 则 $g_1(z), g_2(z)$ 在 $\mathbb{C}^+$ 解析, 在上半平面以 $z = 0$ 为圆心, 充分大的 $R > 0$ 为半径做半圆周 $C_R : \{|z| = R, \ \mathrm{Im} z > 0\}$, 则 $C_R \cup (-R, R)$ 构成封闭围线, 由 Cauchy 积分定理

$$\oint g_1(z) g_2(z) dz = 0.$$

由于 $g(\lambda), \ S(\lambda) \in L^2 \cap L^\infty$, 推出 $g(\lambda)S(\lambda) \in L^1$. 因此,

$$g_j = \mathcal{O}(z^{-1}), \quad |z| \to \infty, \quad j = 1, 2.$$

由此推出 $\int_{C_R} g_1(z) g_2(z) dz = 0$. 因此

$$\begin{aligned} 0 &= \int_{\mathbb{R}} g_1(z) g_2(z) dz = -\int_{\mathbb{R}} \mathcal{P}^+(gS)\mathcal{P}^-(S^H g^H) dz \\ &= -\int_{\mathbb{R}} [\mathcal{P}^-(gS) + gS]\mathcal{P}^-(S^H g^H) dz. \end{aligned}$$

由 (3.2.18), 可推出 $\mathcal{P}^-(gS) = g$ 以及 $\mathcal{P}^-(S^H g^H) = -g^H$, 因此上式变为

$$0 = \int_{\mathbb{R}} g(I + S) g^H dz$$

$$\Longrightarrow 0 = \int_{\mathbb{R}} \mathrm{Re}(g(I + S) g^H) dz = \int_{\mathbb{R}} g(I + S_H) g^H dz. \tag{3.2.19}$$

只需证对任意 $g \in L^2(\mathbb{R}) \cap L^\infty(\mathbb{R})$, $\| g \|_{L^2} = 0$. 对于 $z \neq \pm 1$, 由 $I + S_H$ 正定性和 (3.2.19), 可知

$$g(I + S_H) g^H = 0, \quad z \neq \pm 1. \tag{3.2.20}$$

取行向量 $g(z) = (g_1(z), g_2(z)) \in L^2(\mathbb{R})$, 则

$$g(I + S_H) g^H = (1 - |r|^2)|g_1|^2 + |g_2|^2 = 0. \tag{3.2.21}$$

注意到 $1 - |r(z)|^2 > 0, z \neq \pm 1$, $1 - |r(z)|^2 = 0$, $z = \pm 1$, 则 (3.2.21) 推出 $g_2 \equiv 0$, $\forall z \in \mathbb{R}$ 并且 $g_1(z) = 0$, $z \neq \pm 1$. 即 $g(z) = 0$, a.e. 定义

$$E = \{z : \ 1 - |r(z)|^2 = 0\} = \{z = \pm 1\},$$

则 E 为零测集, 从而

$$m(E) = 0 \Longrightarrow \int_E |g(z)|^2 dz = 0,$$

$$g(z) = 0, \quad \forall z \in \mathbb{R} \setminus E = \{z : \ 1 - |r(z)|^2 \neq 0\},$$

最后, 我们得到

$$\|g(z)\|_{L^2(\mathbb{R})} = \int_{\mathbb{R}\setminus E} |g(z)|^2 dz + \int_E |g(z)|^2 dz = \int_{\mathbb{R}\setminus E} |g(z)|^2 dz = 0. \qquad \square$$

3.3 相位点和跳跃矩阵分解

NLS 方程的大时间渐近性受 RH 问题跳跃矩阵 $v(z)$ 中的振荡项 $e^{\pm 2it\theta(z)}$ 影响, 二次振荡项的衰减性被其项函数 $\theta(z)$ 的实部决定, 直接计算可知

$$\operatorname{Re}(2it\theta(z)) = -\xi \operatorname{Im} z \left(1 + \frac{1}{\operatorname{Re}^2 z + \operatorname{Im}^2 z}\right) + \operatorname{Re} z \operatorname{Im} z \left(1 + \frac{1}{\left(\operatorname{Re}^2 z + \operatorname{Im}^2 z\right)^2}\right),$$

其中 $\xi := \dfrac{x}{2t}$. 可见 $\operatorname{Re}(2i\theta(z))$ 的符号随参数 ξ 变化, 其符号图见图 3.3.

• 对于 $|\xi| < 1$, 在跳跃路径 $\mathbb{R}$ 上无相位点, 但极点分布在单位圆周上, 见图 3.3 中的 (c) 和 (d) [61], 这种情况我们将在第 4 章讨论;

• 对于 $|\xi| = 1$, 在跳跃路径 $\mathbb{R}$ 上有一个相位点, 见图 3.3 中的 (b) 和 (e), 这是一种临界情况, 本书不做讨论;

• 对于 $|\xi| > 1$, 在跳跃路径 $\mathbb{R}$ 上有二个相位点, 见图 3.3 中的 (a) 和 (f), 这种情况我们将在第 5 章讨论.

为寻找 $\theta(z)$ 的相位点, 直接计算得到

$$2\theta'(z) = \frac{x}{t}\left(1 + z^{-2}\right) - \left(2z + 2z^{-3}\right) = -2z^{-1} l(s), \tag{3.3.1}$$

$$2\theta''(z) = 2z^{-2} l(s) - 2z^{-1} l'(s), \tag{3.3.2}$$

其中 $l(s) = s^2 - \xi s - 2, s = z + z^{-1}$. 可见 (3.3.1) 在跳跃路径 $\mathbb{R}$ 上有二种零点

$$\xi_j = \frac{1}{2}\left|\eta(\xi) + (-1)^j \sqrt{\eta^2(\xi) - 4}\right|, \quad j = 1, 2,\ \xi > 1, \tag{3.3.3}$$

$$\xi_j = -\frac{1}{2}\left|\eta(\xi) + (-1)^{j+1} \sqrt{\eta^2(\xi) - 4}\right|, \quad j = 1, 2,\ \xi < -1, \tag{3.3.4}$$

其中 $\eta(\xi) = \dfrac{1}{2}(|\xi| + \sqrt{\xi^2 + 8})$, 并满足如下性质

$$0 < \xi_1 < 1 < \xi_2, \quad \xi > 1, \quad \xi_2 < -1 < \xi_1 < 0, \quad \xi < -1,$$

$$\theta''(\xi_1) > 0, \quad \theta''(\xi_2) < 0.$$

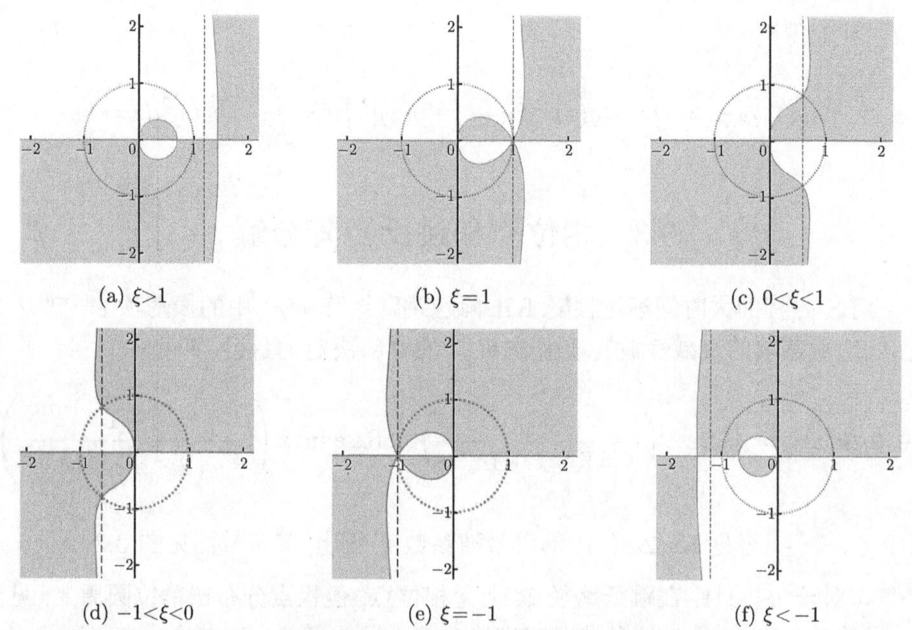

(a) $\xi>1$　(b) $\xi=1$　(c) $0<\xi<1$

(d) $-1<\xi<0$　(e) $\xi=-1$　(f) $\xi<-1$

图 3.3　$\mathrm{Re}(2i\theta)$ 的符号图. 在灰色区域, $\mathrm{Re}(2i\theta)>0$, 当 $t\to\infty$ 有 $e^{-2it\theta}\to 0$; 在白色区域, $\mathrm{Re}(2i\theta)<0$, 当 $t\to\infty$ 有 $e^{2it\theta}\to 0$

跳跃矩阵 (3.2.1) 具有两种分解

$$v(x,t,z)=b(z)^{-\dagger}b(z)=B(z)T_0(z)B(z)^{-\dagger},$$

其中

$$b(z)^{-\dagger}=\begin{pmatrix}1 & -\bar{r}e^{-2it\theta}\\ 0 & 1\end{pmatrix},\quad b(z)=\begin{pmatrix}1 & 0\\ re^{2it\theta} & 1\end{pmatrix},$$

$$B(z)=\begin{pmatrix}1 & 0\\ \dfrac{r}{1-|r|^2}e^{2it\theta} & 1\end{pmatrix},\quad T_0(z)=(1-|r|^2)^{\sigma_3},\quad B(z)^{-\dagger}=\begin{pmatrix}1 & \dfrac{-\bar{r}}{1-|r|^2}e^{-2it\theta}\\ 0 & 1\end{pmatrix}.$$

其对应 $m(z)$ 的两种延拓

$$m_+(z)b(z)^{-1}=m_-(z)b(z)^{-\dagger},\quad m_+(z)B(z)^{\dagger}=m_-(z)B(z)T_0(z),$$

注 3.3.1　这里我们只需考虑 $\theta(z)$ 在跳跃路径 $\mathbb{R}$ 上的相位点 ξ_k, 这是因为

- 如果 $\xi_k\notin\mathbb{R}$, 则 $m(z)$ 在 ξ_k 解析. 因此 ξ_k 对 RH 问题的解的贡献为零.
- 如果 $\xi_k\in\mathbb{R}$, 则 $m(z)$ 在 ξ_k 不解析, 指数项 $e^{\pm 2it\theta}$ 在 ξ_k 附近衰减很慢, 因此 ξ_k 附近的跳跃线对 RH 问题解的贡献占主导地位.

第 4 章 在孤子区域中的大时间渐近性

这一章, 我们研究 NLS 方程在孤子区域: $|x/(2t)|<1$ 中的大时间渐近性, 对于这种情况, RH 问题解的主要贡献来自临界线的极点, 为此我们采取如下措施:

(1) 将远离临界线的极点插值为小闭圆周上的跳跃进行衰减处理;

(2) 将实轴上的跳跃在原点小角度形变到振荡项指数衰减的路径;

(3) 误差来自小范数 RH 问题和复平面上的 $\bar{\partial}$-方程.

4.1 RH 问题的形变

记 $\xi=x/(2t)$, 则在单位圆周上极点 $z_j=e^{i\omega_j}$ 的留数衰减性被如下函数符号决定

$$\theta(z_j)=\xi(e^{i\omega_j}-e^{-i\omega_j})-\frac{1}{2}(e^{2i\omega_j}-e^{-2i\omega_j})=2i\sin\omega_j(\xi-\cos\omega_j),$$

$$\mathrm{Re}[2it\theta(e^{i\omega_j};x,t)]=4t\sin\omega_j(\cos\omega_j-\xi)=4t\mathrm{Im}z_j(\mathrm{Re}z_j-\xi).$$

固定 $\rho>0$ 充分小, 使得

$$\rho<\frac{1}{2}\min\{\min_{z_j,z_l\in\mathcal{Z}^+}|\mathrm{Re}(z_j-z_l)|,\min_{z_l\in\mathcal{Z}^+}\mathrm{Im}z_l\}.$$

定义指标集

$$\Delta=\{j\in H:\mathrm{Re}z_j>\xi\},\quad \nabla=\{j\in H:\mathrm{Re}z_j\leqslant\xi\},$$

$$\Lambda=\{j_0\in H:|\mathrm{Re}z_{j_0}-\xi|<\rho\}.$$

则这三个集合将上半平面上的单位圆周上的极点分成三类区域: $j\in\Delta$, 对应的关联系数 $|e^{-it\theta(z_j)}|<1$ 是衰减的; $j\in\nabla$, 对应的关联系数 $|e^{it\theta(z_j)}|<1$ 是衰减的; $j_0\in\Lambda$, 对应的关联系数 $|e^{it\theta(z_{j_0})}|$ 有界.

以每个极点 z_j 所做圆盘 $|z-z_j|\leqslant\rho$ 彼此不相交, $\Lambda=\varnothing$, 或者 $\Lambda=\varnothing$ 只含有一个下指标 $j_0\in H$. 事实上, 假设 $\mathrm{Re}z_{j_0}\leqslant\xi<\mathrm{Re}z_{j_1}$, 其中 z_{j_0}, z_{j_1} 是临近的两个点, 则 $|\mathrm{Re}(z_{j_0}-z_{j_1})|>2\rho$, 如果 $\min\{|\mathrm{Re}z_{j_0}-\xi|,|\mathrm{Re}z_{j_1}-\xi|\}>\rho$, 则 $\Lambda=\varnothing$, 如果 $|\mathrm{Re}z_{j_0}-\xi|<\rho$, 则 $|\mathrm{Re}z_{j_1}-\xi|>\rho$, 由于 z_{j_0} 位于圆周上, $\mathrm{Re}z_{j_0}$ 与 z_{j_0} 一一

对应, 因此 Λ 只含有一对共轭离散谱点 z_{j_0}, 即 $\{z_{j_0}, \bar{z}_{j_0}\}$, 其中 $z_{j_0} \in H$ 是离临界线 $\mathrm{Re}z = \xi$ 最近的一个离散谱点, 因此可定义

$$j_0 = j_0(\xi) = \begin{cases} j, & \text{如果存在某个} j \in H,\ |\mathrm{Re}z_j - \xi| < \rho, \\ -1, & \text{其他}, \end{cases}$$

只有当某个 z_{j_0} 靠近临界线 $\mathrm{Re}z = \xi$ 时, $j_0(\xi)$ 非负, 且 $|e^{it\theta(z_{j_0})}| = \mathcal{O}(1)$. 见图 4.1.

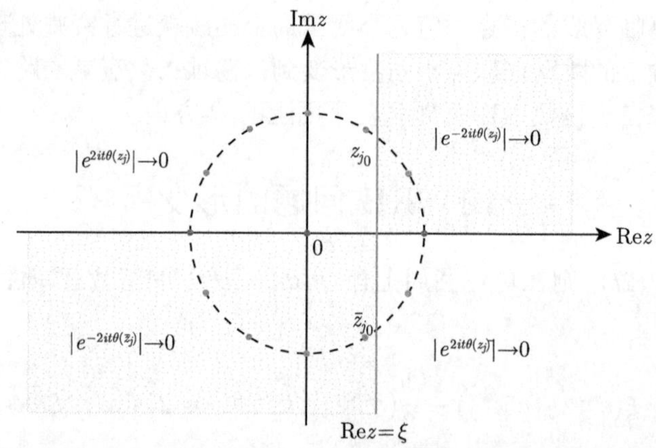

图 4.1 单位圆周上的极点 z_j 在直线 $\mathrm{Re}\, z = \xi$ 二侧都是指数衰减的, 而落在临界线 $\mathrm{Re}\, z = \xi$ 上极点不具有衰减性

注 4.1.1 我们说明 (x, t) 在时空锥 $|\xi| \leqslant 1$ 内变化时 (图 4.2), $\theta(z)$ 在跳跃线——实轴上没有相位点, 事实上

$$\begin{aligned} 2\theta(z) &= 2\zeta(z)[x/t - 2\lambda(z)] = \frac{x}{t}(z - z^{-1}) - (z^2 - z^{-2}). \\ 2\theta'(z) &= \frac{x}{t}(1 + z^{-2}) - 2(z + z^{-3}) = 2z^{-1}[\xi(z + z^{-1}) - (z^2 + z^{-2})] \\ &= -2z^{-1}[(z + z^{-1})^2 - \xi(z + z^{-1}) - 2] := -2z^{-1} f(k), \end{aligned}$$

其中

$$f(k) = k^2 - \xi k - 2, \quad k = z + z^{-1}. \tag{4.1.1}$$

由 (4.1.1) 看到, $z = 0$ 为函数 $f(k)$ 的奇点, 而对于 $\forall z \neq 0$ 恒有 $|k| > 2$, 因此, 函数 $f(k)$ 如果有零点, 只能在区间 $|k| > 2$ 内出现, 换句话说, 函数 $f(k)$ 在 $|k| \leqslant 2$ 内没有零点. 而由方程 $f(k) = 0$ 解出

$$\xi = \frac{k^2 - 2}{k} = k - \frac{2}{k} := g(k). \tag{4.1.2}$$

$g'(k) = 1 + 2k^{-2} > 0$, 因此 $g(k)$ 为单调增函数, 从而对于 $-2 \leqslant k \leqslant 2$, 有

$$-1 = g(-2) \leqslant \xi = g(k) \leqslant g(2) = 1.$$

这说明时空锥 $|\xi| \leqslant 1$ 内, $\theta(z)$ 没有相位点见图 4.3.

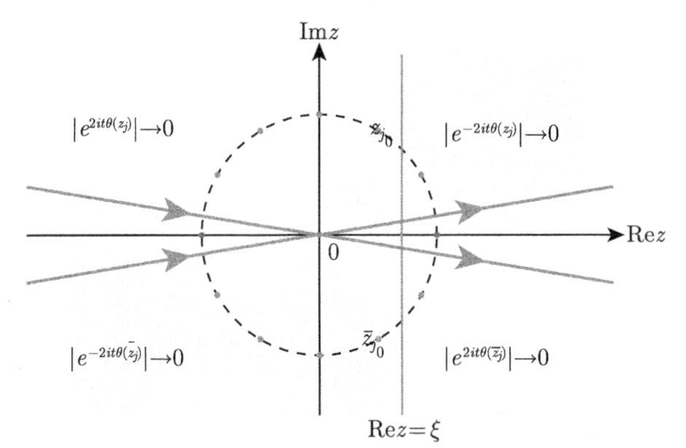

图 4.2 在原点小角度打开实轴跳跃线, 左边用第一种分解, 右边用第二种分解, 使打开的锥内不含极点, 并且不与任何圆盘 $|z - z_j| \leqslant \rho$ 相交. 单位圆周上的极点 z_j 在直线 $\mathrm{Re}\, z = \xi$ 二侧都是指数衰减的, 而落在直线 $\mathrm{Re}\, z = \xi$ 上极点不具有衰减性

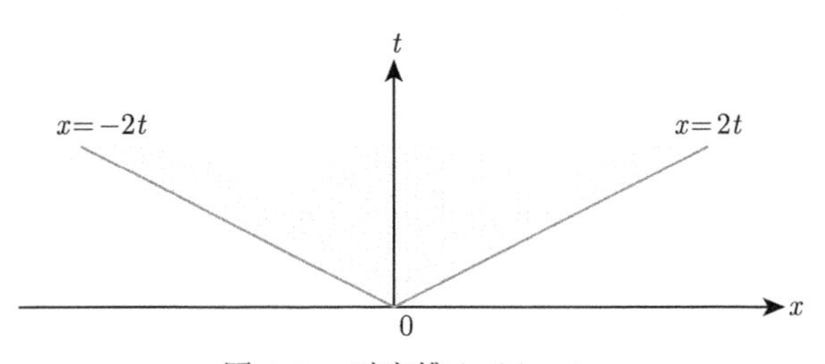

图 4.3 时空锥 $|x/t| < 2$

我们引入函数

$$T(z) = \prod_{k\in\Delta} \left(\frac{z - z_k}{z z_k - 1}\right) \exp\left(-i \int_0^{\infty} \nu(s) \left(\frac{1}{s - z} - \frac{1}{2s}\right) ds\right), \tag{4.1.3}$$

其中

$$\nu(s) = -\frac{1}{2\pi} \log(1 - |r(s)|^2). \tag{4.1.4}$$

命题 4.1.1 由 (4.1.3) 定义的 $T(z)$ 有如下性质:

(1) 解析性: $T(z)$ 在 $\mathbb{C} \setminus [0, \infty)$ 内亚纯. 对于每个 $k \in \Delta$, z_k 为 $T(z)$ 的简单零点, 而 $\bar{z}_k$ 为简单极点; 在 $\mathbb{C} \setminus [0, \infty)$ 的其余处, $T(z)$ 非零且解析.

(2) 对称性: $\overline{T(\bar{z})} = T(z)^{-1} = T(z^{-1})$.

(3) 跳跃条件: $T_\pm(z)$ 在边界满足

$$T_+(z) = T_-(z)(1-|r(z)|^2)^{-1}, \quad z \in (0,\infty). \tag{4.1.5}$$

(4)

$$T(\infty) = \left(\prod_{k\in\Delta} \bar{z}_k\right) \exp\left(i\int_0^\infty \frac{\nu(s)}{2s} ds\right), \tag{4.1.6}$$

且 $|T(\infty)| = 1$. $|T(z)| = 1, \ \ z \leqslant 0$. 当 $|z| \to \infty$,

$$T(z) = T(\infty)\left[1 - \frac{i}{z}\left(2\sum_{k\in\Delta} \mathrm{Im} z_k - \int_{-\infty}^{z_0} \nu(s) ds\right) + O(z^2)\right]. \tag{4.1.7}$$

(5) 有界性: 当 $s_{11}(z)/T(z)$ 在 $\mathbb{C}_+$ 上是全纯的, 存在常数, 使得

$$|s_{11}(z)/T(z)| \leqslant c. \tag{4.1.8}$$

证明 (1), (3), (4), (5) 直接验证. 只需证 (2).

(2) 按照 $T(z)$ 的定义, 直接计算

$$\begin{aligned} T(z^{-1}) &= \prod_{k\in\Delta}\left(\frac{z^{-1}-z_k}{z^{-1}z_k-1}\right)\exp\left(i\int_0^\infty \frac{\nu(s)(s+z^{-1})}{2s(s-z^{-1})} ds\right) \\ &\xlongequal{s=y^{-1}} \prod_{k\in\Delta}\left(\frac{zz_k-1}{z-z_k}\right)\exp\left(-i\int_0^\infty \frac{\nu(y)(y+z)}{2y(y-z)} dy\right) = T(z)^{-1}. \end{aligned} \tag{4.1.9}$$

□

4.1.1 构造插值函数

引入插值函数将 Λ 外的极点转化为跳跃做衰减处理, 定义分片函数

$$G(z) = \begin{cases} \begin{pmatrix} 1 & 0 \\ -\dfrac{c_j e^{2it\theta(z_j)}}{z-z_j} & 1 \end{pmatrix}, & |z-z_j| < \rho, \ \ j \in \nabla\setminus\Lambda, \\ \begin{pmatrix} 1 & -\dfrac{z-z_j}{c_j e^{2it\theta(z_j)}} \\ 0 & 1 \end{pmatrix}, & |z-z_j| < \rho, \ \ j \in \Delta\setminus\Lambda, \\ \begin{pmatrix} 1 & -\dfrac{\bar{c}_j e^{-2it\theta(\bar{z}_j)}}{z-\bar{z}_j} \\ 0 & 1 \end{pmatrix}, & |z-\bar{z}_j| < \rho, \ \ j \in \nabla\setminus\Lambda, \\ \begin{pmatrix} 1 & 0 \\ -\dfrac{z-\bar{z}_j}{\bar{c}_j e^{-2it\theta(\bar{z}_j)}} & 1 \end{pmatrix}, & |z-\bar{z}_j| < \rho, \ \ j \in \Delta\setminus\Lambda, \\ I, & \text{其他}. \end{cases} \tag{4.1.10}$$

注 4.1.2 我们对定义 (4.1.10) 中的 $G(z)$ 给出解释: 可以证明在变换

$$m^{(1)}(z) = T(\infty)^{-\sigma_3} m(z) T(z)^{\sigma_3} \tag{4.1.11}$$

下,

$$\operatorname*{Res}_{z=z_j} m^{(1)}(z) = \lim_{z\to z_j} m^{(1)}(z) \begin{pmatrix} 0 & 0 \\ c_k T(z_{j_0})^2 e^{2it\theta(z_j)} & 0 \end{pmatrix}, \quad j \in \nabla \setminus \Lambda,$$

$$\operatorname*{Res}_{z=z_{j_0}} m^{(1)}(z) = \lim_{z\to z_j} m^{(1)}(z) \begin{pmatrix} 0 & c_j^{-1} T'(z_j)^{-2} e^{-2it\theta(z_j)} \\ 0 & 0 \end{pmatrix}, \quad j \in \Delta \setminus \Lambda.$$

因此

$$m^{(1)}(z) = \frac{A_j}{z - z_j} \begin{pmatrix} 1 & 0 \\ c_k T(z_j)^2 e^{2it\theta(z_j)} & 1 \end{pmatrix} + \mathcal{O}(1), \quad j \in \nabla \setminus \Lambda,$$

$$m^{(1)}(z) = \frac{B_j}{z - z_j} \begin{pmatrix} 1 & c_j^{-1} T'(z_j)^{-2} e^{-2it\theta(z_j)} \\ 0 & 1 \end{pmatrix} + \mathcal{O}(1), \quad j \in \Delta \setminus \Lambda.$$

为消除 $m^{(1)}(z)$ 在 $\Delta \setminus \Lambda$ 和 $\nabla \setminus \Lambda$ 中离散谱上的极点, 做插值变换

$$m^{(1)}(z) = T(\infty)^{-\sigma_3} m(z) G(z) T(z)^{\sigma_3}, \tag{4.1.12}$$

待定插值函数 $G(z)$, 使 $m^{(1)}(z)$ 不具有留数.

回顾 Borghese 的论文对于时空锥外的极点转化为小圆周跳跃时, $m^{\Delta}(z)$ 是做过 T 变换的, 已经将极点分配到二列, 此时做变换

$$\widetilde{m}^{\Delta}(z) = m^{\Delta}(z) G(z), \quad G(z) = I - \frac{N_j}{z - z_j}. \tag{4.1.13}$$

可以直接消除 $m^{\Delta}(z)$ 的极点.

而现在面临的 $m(z)$ 是没有经过 T 变换的, 做变换

$$m^{(1)}(z) = T(\infty)^{-\sigma_3} m(z) G_1(z) T(z)^{\sigma_3}, \tag{4.1.14}$$

后面 T 对右侧 Δ 上的离散谱上的留数产生影响.

对于 $j \in \Delta \setminus \Lambda$, z_j 为 $T(z)$ 的一阶零点, 因此取

$$G_1(z) = \begin{pmatrix} 1 & g_1(z) \\ 0 & 1 \end{pmatrix}, \quad T(z) = (z - z_j) T_j(z).$$

将 (4.1.14) 按列展开, 可得到

$$m_1^{(1)}(z) = T(\infty)^{-\sigma_3}\frac{m_1^-(z)}{s_{11}(z)}T(z) \sim m_1^-(z)\prod_{j\in\nabla}\frac{z-z_j}{z-\bar{z}_j}, \tag{4.1.15}$$

$$\begin{aligned} m_2^{(1)}(z) &= T(\infty)^{-\sigma_3}\left[\frac{m_1^-(z)}{s_{11}(z)}g_1(z)+m_2^+(z)\right]T(z)^{-1} \\ &= T(\infty)^{-\sigma_3}\left[\frac{m_1^-(z)}{s_{11}(z)}\frac{g_1(z)}{z-z_j}+\frac{m_2^+(z)}{z-z_j}\right]T_j(z)^{-1}. \end{aligned} \tag{4.1.16}$$

由 (4.1.15) 看出, 对于 $j \in \Delta \setminus \Lambda$, z_j 不是 $m_1^{(1)}(z)$ 的极点, 因此

$$\operatorname*{Res}_{z=z_j} m_1^{(1)}(z) = 0.$$

在 (4.1.16) 中, 由于 $m_1^-(z)$, $m_2^+(z)$ 解析, z_j 为 $\dfrac{m_2^+(z)}{z-z_j}$ 的一阶极点, 为使得 z_j 也为 $\dfrac{m_1^-(z)}{s_{11}(z)}\dfrac{g_1(z)}{z-z_j}$ 的一阶极点, z_j 应为 $g_1(z)$ 的一阶零点, 为简单, 假设 $g_1(z) = (z-z_j)h_j$. 则

$$\begin{aligned} \operatorname*{Res}_{z=z_j} m_2^{(1)}(z) &= T(\infty)^{-\sigma_3}\operatorname*{Res}_{z=z_j}\left[\frac{m_1^-(z)}{s_{11}(z)}\frac{g_1(z)}{z-z_j}+\frac{m_2^+(z)}{z-z_j}\right]T_j(z_j)^{-1} \\ &= T(\infty)^{-\sigma_3}\left[\frac{m_1^-(z_j)}{s_{11}'(z_j)}h_j+m_2^+(z_j)\right]T_j(z_j)^{-1}. \end{aligned}$$

注意到 $m_1^-(z_j) = s_{21}(z_j)e^{2it\theta(z_j)}m_2^+(z_j)$, 并令 $c_j = s_{21}(z_j)/s_{11}'(z_j)$, 代入上式有

$$\operatorname*{Res}_{z=z_j} m_2^{(1)}(z) = T(\infty)^{-\sigma_3}[c_je^{2it\theta(z_j)}h_j+1]m_2^+(z_j)T_j(z_j)^{-1}.$$

为使得留数 $m_2^{(1)}(z)$ 为零, 令

$$c_je^{2it\theta(z_j)}h_j+1=0,$$

由此推得

$$h_j = -\frac{1}{c_je^{2it\theta(z_j)}}.$$

因此

$$G_1(z) = \begin{pmatrix} 1 & -\dfrac{z-z_j}{c_je^{2it\theta(z_j)}} \\ 0 & 1 \end{pmatrix}.$$

对于 $j \in (\Delta \setminus \Lambda) \cap \mathbb{C}^-$, 由 $m^{(1)}(z)$ 的对称性, 取

$$\widetilde{G}_1(z) = \sigma_1 \overline{G_1(\bar{z})} \sigma_1 = \begin{pmatrix} 1 & 0 \\ -\dfrac{z - \bar{z}_j}{c_j e^{-2it\theta(\bar{z}_j)}} & 1 \end{pmatrix}.$$

对于 $j \in \nabla \setminus \Lambda$, $T(z)$ 在 z_j 解析, 因此取

$$G_2(z) = \begin{pmatrix} 1 & 0 \\ g_2(z) & 1 \end{pmatrix},$$

将 (4.1.14) 按列展开, 可得到

$$m_1^{(1)}(z) = T(\infty)^{-\sigma_3} \left[\frac{m_1^-(z)}{s_{11}(z)} + m_2^+(z) g_2(z) \right] T(z),$$

$$m_2^{(1)}(z) = T(\infty)^{-\sigma_3} m_2^+(z) T(z)^{-1}.$$

由于 $m_2^{(1)}(z)$ 在 z_j 解析, 因此

$$\operatorname*{Res}_{z=z_j} m_2^{(1)}(z) = 0.$$

而

$$\operatorname*{Res}_{z=z_j} m_1^{(1)}(z) = T(\infty)^{-\sigma_3} \left[c_j e^{2it\theta(z_j)} + \operatorname*{Res}_{z=z_j} g_2(z) \right] m_2^+(z_j) T(z_j).$$

令

$$c_j e^{2it\theta(z_j)} + \operatorname*{Res}_{z=z_j} g_2(z) = 0.$$

因此可取

$$g_2(z) = -\frac{c_j e^{2it\theta(z_j)}}{z - z_j}.$$

$$G_2(z) = \begin{pmatrix} 1 & 0 \\ -\dfrac{c_j e^{2it\theta(z_j)}}{z - z_j} & 1 \end{pmatrix}.$$

对于 $j \in (\nabla \setminus \Lambda) \cap \mathbb{C}^-$, 由 $m^{(1)}(z)$ 的对称性, 取

$$\widetilde{G}_2(z) = \sigma_1 \overline{G_2(\bar{z})} \sigma_1 = \begin{pmatrix} 1 & -\dfrac{\bar{c}_j e^{-2it\theta(\bar{z}_j)}}{z - \bar{z}_j} \\ 0 & 1 \end{pmatrix}.$$

4.1.2 规范化 RH 问题

定义有向路径

$$\Sigma^{(1)} = \mathbb{R} \cup \left[\bigcup_{j \in H \setminus \Lambda} \{ z \in C : |z - z_j| = \rho \text{ 或者 } |z - \bar{z}_j| = \rho \} \right], \tag{4.1.17}$$

其中 $\mathbb{R}$ 的方向由左到右, 每个小圆周取逆时针方向, 见图 4.4.

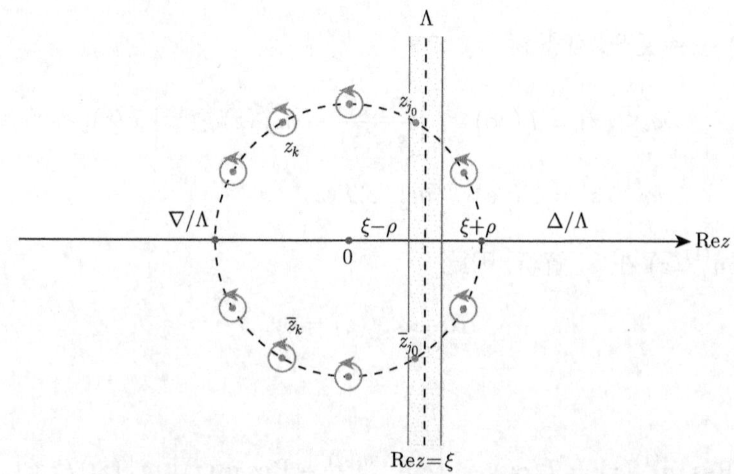

图 4.4 将单位圆周上的离散谱分成三类: $\Delta \setminus \Lambda$, $\nabla \setminus \Lambda$ 和 Λ. 保留落入带形域 Λ 内的极点, 对 Λ 外部极点做插值变换, 将其转化为小圆周上的跳跃

我们使用 $T(z)$ 和 $G(z)$, 对 $m(z)$ 做如下变换

$$m^{(1)}(z) = T(\infty)^{-\sigma_3} m(z) G(z) T(z)^{\sigma_3}, \tag{4.1.18}$$

则得到如下 RH 问题.

RHP 4.1.1 寻找矩阵函数 $m^{(1)}(z)$ 满足

▶ 解析性: $m^{(1)}(z)$ 在 $\mathbb{C} \setminus \Sigma^{(1)}$ 中亚纯.

▶ 对称性: $m^{(1)}(z) = \sigma_1 \overline{m^{(1)}(\bar{z})} \sigma_1 = z^{-1} m^{(1)}(1/z) \sigma_1$.

▶ 跳跃条件: $m^{(1)}$ 在 $\Sigma^{(1)}(z)$ 具有连续边界值 $m_{\pm}^{(1)}$, 且满足

$$m_+^{(1)}(z) = m_-^{(1)}(z) v^{(1)}(z), \quad z \in \Sigma^{(1)}, \tag{4.1.19}$$

其中

$$v^{(1)}(z)=$$

$$\begin{cases}\begin{pmatrix}1 & 0\\ \frac{r(z)}{1-|r|^2}T_-^2(z)e^{2it\theta(z)} & 1\end{pmatrix}\begin{pmatrix}1 & -\frac{\overline{r(z)}}{1-|r|^2}T_+^{-2}(z)e^{-2it\theta(z)}\\ 0 & 1\end{pmatrix}, & z\in(0,\infty),\\ \begin{pmatrix}1 & -\overline{r(z)}T^{-2}(z)e^{-2it\theta(z)}\\ 0 & 1\end{pmatrix}\begin{pmatrix}1 & 0\\ r(z)T(z)^2e^{2it\theta(z)} & 1\end{pmatrix}, & z\in(-\infty,0),\\ \begin{pmatrix}1 & 0\\ -\frac{c_j}{z-z_j}T^2(z)e^{2it\theta(z_j)} & 1\end{pmatrix}, & |z-z_j|=\rho,\ j\in\nabla\setminus\Lambda,\\ \begin{pmatrix}1 & -\frac{z-z_j}{c_j}T^{-2}(z)e^{-2it\theta(z_j)}\\ 0 & 1\end{pmatrix}, & |z-z_j|=\rho,\ j\in\Delta\setminus\Lambda,\\ \begin{pmatrix}1 & -\frac{\bar{c}_j}{z-\bar{z}_j}T^{-2}(z)e^{-2it\theta(\bar{z}_j)}\\ 0 & 1\end{pmatrix}, & |z-z_j|=\rho,\ j\in\nabla\setminus\Lambda,\\ \begin{pmatrix}1 & 0\\ -\frac{z-\bar{z}_j}{\bar{c}_j}T^2(z)e^{2it\theta(\bar{z}_j)} & 1\end{pmatrix}, & |z-z_j|=\rho,\ j\in\Delta\setminus\Lambda.\end{cases} \tag{4.1.20}$$

▶ 渐近性:

$$m^{(1)}(z)=I+\mathcal{O}(z^{-1}),\quad z\to\infty;\quad zm^{(1)}(z)=\sigma_1+\mathcal{O}(z),\quad z\to 0. \tag{4.1.21}$$

▶ 留数条件: $j_0\in\Lambda$, 则 $m^{(1)}(z)$ 具有简单极点 z_{j_0}, $\bar{z}_{j_0}$ 满足

$$\operatorname*{Res}_{z_{j_0}} m^{(1)}(z)=\lim_{z\to z_{j_0}} m^{(1)}(z)\begin{pmatrix}0 & 0\\ c_{j_0}T^2(z_{j_0})e^{2it\theta(z_{j_0})} & 0\end{pmatrix},\quad j_0\in\nabla\cap\Lambda,$$

$$\operatorname*{Res}_{\bar{z}_{j_0}} m^{(1)}(z)=\lim_{z\to \bar{z}_{j_0}} m^{(1)}(z)\begin{pmatrix}0 & \bar{c}_{j_0}\bar{T}^2(z_{j_0})e^{2it\theta(z_{j_0})}\\ 0 & 0\end{pmatrix},\quad j_0\in\nabla\cap\Lambda,$$

$$\operatorname*{Res}_{z_{j_0}} m^{(1)}(z)=\lim_{z\to z_{j_0}} m^{(1)}(z)\begin{pmatrix}0 & c_{j_0}^{-1}T'(z_{j_0})^{-2}e^{-2it\theta(z_{j_0})}\\ 0 & 0\end{pmatrix},\quad j_0\in\Delta\cap\Lambda,$$

$$\operatorname*{Res}_{\bar{z}_{j_0}} m^{(1)}(z)=\lim_{z\to \bar{z}_{j_0}} m^{(1)}(z)\begin{pmatrix}0 & 0\\ \bar{c}_{j_0}^{-1}\overline{T'}(z_{j_0})^{-2}e^{-2it\theta(z_{j_0})} & 0\end{pmatrix}.\quad j_0\in\Delta\cap\Lambda,$$

对称性

证明 注意到

$$\overline{T(\infty)}^{-\sigma_3}=T(\infty)^{\sigma_3},\quad \overline{G(\bar{z})}=\sigma_1G(z)\sigma_1,$$

我们有

$$\overline{m^{(1)}(\bar{z})}=\overline{T(\infty)}^{-\sigma_3}\overline{m(\bar{z})}\ \overline{G(\bar{z})}\ \overline{T(\bar{z})}^{\sigma_3}$$

$$= T(\infty)^{\sigma_3}(\sigma_1 m(z)\sigma_1)\ (\sigma_1 G(z)\sigma_1)\ T(\bar{z})^{-\sigma_3} = \sigma_1 m^{(1)}(z)\sigma_1.$$

类似地可以证明

$$m^{(1)}(z^{-1}) = z^{-1} m^{(1)}(z)\sigma_1.$$

渐近性

$$\begin{aligned} zm^{(1)}(z) &= T(\infty)^{-\sigma_3} zm(z)T(z)^{-\sigma_3} \\ &= T(\infty)^{-\sigma_3}(\sigma_1 + \mathcal{O}(z))(T(\infty) + \mathcal{O}(z))^{-\sigma_3} = \sigma_1 + \mathcal{O}(z). \end{aligned}$$

跳跃条件

▶ 在 $(-\infty, 0)$ 上,

$$v(z) = b(z)^{-\dagger} b(z), \quad T_+(z) = T_-(z) = T(z).$$

因此

$$\begin{aligned} m_+^{(1)}(z) &= T(\infty)^{-\sigma_3} m_+(z) T(z)^{\sigma_3} \\ &= [T(\infty)^{-\sigma_3} m_-(z) T(z)^{\sigma_3}][T(z)^{-\sigma_3} b(z)^{-\dagger} b(z) T(z)^{\sigma_3}] = m_-^{(1)}(z) v^{(1)}(z), \end{aligned}$$

其中

$$v^{(1)}(z) = \begin{pmatrix} 1 & -\overline{r(z)} e^{-2it\theta} T(z)^{-2} \\ 0 & 1 \end{pmatrix} \begin{pmatrix} 1 & 0 \\ r(z) e^{2it\theta} T(z)^2 & 1 \end{pmatrix}.$$

▶ 在 $(0, \infty)$ 上,

$$v(z) = B(z) T_0(z) B(z)^{-\dagger}, \quad T_+(z) = (1 - |r(z)|^2) T_-(z).$$

因此

$$\begin{aligned} m_+^{(1)}(z) &= T(\infty)^{-\sigma_3} m_+(z) T_+(z)^{\sigma_3} \\ &= [T(\infty)^{-\sigma_3} m_-(z) T_-(z)^{\sigma_3}][T_-(z)^{-\sigma_3} B(z) T_0(z) B(z)^{-\dagger} T_+(z)^{\sigma_3}] \\ &= m_-^{(1)}(z) v^{(1)}(z), \end{aligned}$$

其中

$$\begin{aligned} v^{(1)} &= [T_-(z)^{-\sigma_3} B(z) T_-^{\sigma_3}]\ [T_+^{-} T_-(1 - |r|^2)]^{\sigma_3}\ [T_+(z)^{-\sigma_3} B(z)^{-\dagger} T_+(z)^{\sigma_3}] \\ &= \begin{pmatrix} 1 & 0 \\ \dfrac{r}{1 - |r|^2} T_-^2 e^{2it\theta} & 1 \end{pmatrix} \begin{pmatrix} 1 & \dfrac{\bar{r}}{1 - |r|^2} T_+^{-2} e^{-2it\theta} \\ 0 & 1 \end{pmatrix}. \end{aligned}$$

▶ 对于 $j \in H \setminus \Lambda$,

$$\begin{aligned} m_+^{(1)}(z) &= T(\infty)^{-\sigma_3} m(z) G(z) T(z)^{\sigma_3} \\ &= [T(\infty)^{-\sigma_3} m_-(z) T(z)^{\sigma_3}][T(z)^{-\sigma_3} G(z) T(z)^{\sigma_3}] = m_-^{(1)}(z) v^{(1)}(z), \end{aligned}$$

其中

$$v^{(1)}(z) = T(z)^{-\sigma_3} G(z) T(z)^{\sigma_3} \tag{4.1.22}$$

$$= \begin{cases} \begin{pmatrix} 1 & 0 \\ -\dfrac{c_j}{z - z_j} T^2(z) e^{2it\theta(z_j)} & 1 \end{pmatrix}, & |z - z_j| = \rho,\ j \in \nabla \setminus \Lambda, \\ \begin{pmatrix} 1 & -\dfrac{z - z_j}{c_j} T^{-2}(z) e^{-2it\theta(z_j)} \\ 0 & 1 \end{pmatrix}, & |z - z_j| = \rho,\ j \in \Delta \setminus \Lambda, \\ \begin{pmatrix} 1 & -\dfrac{\bar{c}_j}{z - \bar{z}_j} T^{-2}(z) e^{-2it\theta(\bar{z}_j)} \\ 0 & 1 \end{pmatrix}, & |z - \bar{z}_j| = \rho,\ j \in \nabla \setminus \Lambda, \\ \begin{pmatrix} 1 & 0 \\ -\dfrac{z - \bar{z}_j}{\bar{c}_j} T^2(z) e^{2it\theta(\bar{z}_j)} & 1 \end{pmatrix}, & |z - \bar{z}_j| = \rho,\ j \in \Delta \setminus \Lambda, \end{cases} \tag{4.1.23}$$

留数条件

对于上半平面的离散谱: $z_{j_0} \in \mathcal{Z}^+$, $j_0 \in \Lambda$, 按列展开变换

$$m^{(1)} = T(\infty)^{-\sigma_3} m(z) T(z)^{\sigma_3},$$

得到

$$m_1^{(1)} = T(\infty)^{-\sigma_3} m_1 T = T(\infty)^{-\sigma_3} \frac{m_1^-}{s_{11}} T(z),$$

$$m_2^{(1)} = T(\infty)^{-\sigma_3} m_2 T(z)^{-1} = T(\infty)^{-\sigma_3} m_2^+ T(z)^{-1}.$$

(i) 对于 $j_0 \in \nabla \cap \Lambda$, 此时 $T(z)^{\sigma_3}$ 在 z_{j_0} 处解析, 因此

$$\begin{aligned} \operatorname*{Res}_{z=z_k} m^{(1)}(z) &= [\operatorname*{Res}_{z=z_{j_0}} T(\infty)^{-\sigma_3} m(z)] T(z)^{\sigma_3} \\ &= \lim_{z \to z_{j_0}} T(\infty)^{-\sigma_3} m(z) \begin{pmatrix} 0 & 0 \\ c_{j_0} e^{2it\theta(z_{j_0})} & 0 \end{pmatrix} T(z_{j_0})^{\sigma_3} \\ &= \lim_{z \to z_{j_0}} [T(\infty)^{-\sigma_3} m(z) T(z)^{\sigma_3}] \left[T(z_{j_0})^{-\sigma_3} \begin{pmatrix} 0 & 0 \\ c_{j_0} e^{2it\theta(z_{j_0})} & 0 \end{pmatrix} T^{-\sigma_3}(z_{j_0}) \right] \end{aligned}$$

$$= \lim_{z\to z_{j_0}} m^{(1)}(z) \begin{pmatrix} 0 & 0 \\ c_k T(z_{j_0})^2 e^{2it\theta(z_{j_0})} & 0 \end{pmatrix}.$$

(ii) 对于 $j_0 \in \Delta \cap \Lambda$, $z_{j_0} \in \mathcal{Z}$, 此时, z_{j_0} 为 $m_1^{(1)}$ 和 $T(z)^{-1}$ 的一阶极点, m_2 和 $T(z)$ 在 z_{j_0} 处解析, 且 $T(z_{j_0}) = 0$, 因此

$$\operatorname*{Res}_{z=z_{j_0}} m_1^{(1)} = T(\infty)^{-\sigma_3}[\operatorname*{Res}_{z=z_{j_0}} m_1(z)]T(z_{j_0}) = 0. \tag{4.1.24}$$

注意到

$$\begin{aligned} m_1^{(1)}(z_{j_0}) &= T(\infty)^{-\sigma_3} \lim_{z\to z_{j_0}} m_1(z)T(z) \\ &= T(\infty)^{-\sigma_3} \lim_{z\to z_{j_0}} [m_1(z)(z-z_{j_0})] \frac{T(z)-T(z_{j_0})}{z-z_{j_0}} \\ &= T(\infty)^{-\sigma_3} \operatorname*{Res}_{z=z_{j_0}} m_1(z) T'(z_{j_0}) = T(\infty)^{-\sigma_3} c_{j_0} e^{2it\theta(z_{j_0})} m_2(z_{j_0}) T'(z_{j_0}). \end{aligned} \tag{4.1.25}$$

借此, 可进一步计算

$$\begin{aligned} \operatorname*{Res}_{z=z_{j_0}} m_2^{(1)}(z) &= T(\infty)^{-\sigma_3} \operatorname*{Res}_{z=z_{j_0}} [m_2(z)T(z)^{-1}] \\ &= T(\infty)^{-\sigma_3} m_2(z_{j_0}) \operatorname*{Res}_{z=z_{j_0}} T(z)^{-1} \\ &= T(\infty)^{-\sigma_3} m_2(z_{j_0}) \lim_{z\to z_{j_0}} [T(z)^{-1}(z-z_{j_0})] \\ &= T(\infty)^{-\sigma_3} m_2(z_{j_0}) \lim_{z\to z_{j_0}} \frac{z-z_{j_0}}{T(z)-T(z_{j_0})} \\ &= T(\infty)^{-\sigma_3} m_2(z_{j_0}) T'(z_{j_0})^{-1} = c_{j_0}^{-1} e^{-2it\theta(z_{j_0})} m_1^{(1)}(z_{j_0}) T'(z_{j_0})^{-2}. \end{aligned} \tag{4.1.26}$$

利用 (4.1.24), (4.1.26), 得到

$$\begin{aligned} \operatorname*{Res}_{z=z_{j_0}} m^{(1)}(z) &= \operatorname*{Res}_{z_{j_0}}(m_1^{(1)}(z), m_2^{(1)}(z)) = (0, c_{j_0}^{-1} e^{-2it\theta(z_{j_0})} m_1^{(1)}(z_{j_0}) T'(z_{j_0})^{-2}) \\ &= \lim_{z\to z_{j_0}} m^{(1)}(z) \begin{pmatrix} 0 & c_{j_0}^{-1} T'(z_{j_0})^{-2} e^{-2it\theta(z_{j_0})} \\ 0 & 0 \end{pmatrix}. \end{aligned}$$

□

4.1.3 打开跳跃线做连续延拓

固定角度 $\theta_0 > 0$ 充分小, 使得打开跳跃线的锥形区域 $\{z \in \mathbb{C} : |\mathrm{Re}z/z| > \cos\theta_0\}$ 不与任何圆盘 $|z - z_k| \leqslant \rho$ 相交. 对 $\xi \in (-1, 1)$, 令

$$\phi(\xi) = \min\left\{\theta_0, \arccos\left(\frac{2|\xi|}{1+|\xi|}\right)\right\}, \quad \Omega = \bigcup_{k=1}^{4} \Omega_k,$$

其中

$$\Omega_1 = \{z : \arg z \in (0, \phi(\xi))\}, \quad \Omega_2 = \{z : \arg z \in (\pi - \phi(\xi), \pi)\},$$

$$\Omega_3 = \{z : \arg z \in (-\pi, -\pi + \phi(\xi))\}, \quad \Omega_4 = \{z : \arg z \in (-\phi(\xi), 0)\}.$$

再记边界

$$\Sigma_1 = e^{i\phi(\xi)}\mathbb{R}_+, \quad \Sigma_2 = e^{i(\pi-\phi(\xi))}\mathbb{R}_+,$$

$$\Sigma_3 = e^{-i(\pi-\phi(\xi))}\mathbb{R}_+, \quad \Sigma_4 = e^{-i\phi(\xi)}\mathbb{R}_+,$$

方向从左到右 (图 4.5).

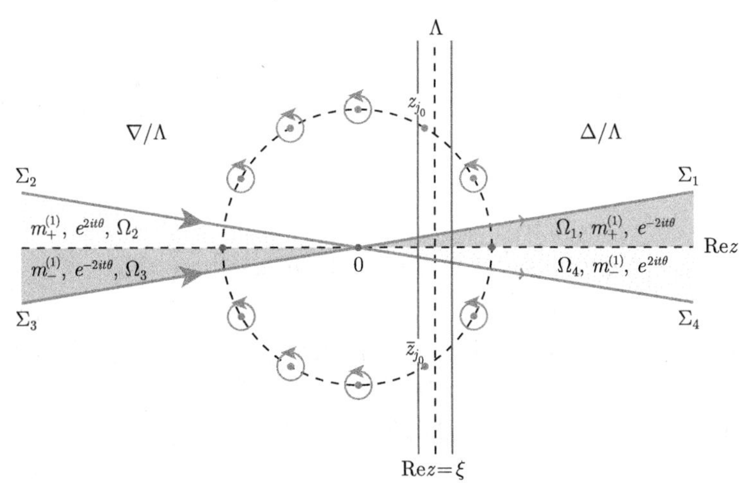

图 4.5 在原点小角度打开实轴跳跃线, 左边用第一种分解, 右边用第二种分解, 使打开的锥内不含极点, 并且不与任何圆盘 $|z - z_k| \leqslant \rho$ 相交

注意到对 $z = |z|e^{i\omega}$,

$$2i\theta(z) = -2i\xi(|z|e^{i\omega} - |z|^{-1}e^{-i\omega}) + i(|z|^2 e^{2i\omega} - |z|^{-2}|e^{-2i\omega}),$$

因此

$$\begin{aligned}\operatorname{Re}[2i\theta(z)] &= -2\xi\sin\omega(|z|+|z|^{-1})+\sin 2\omega(|z|^2+|z|^{-2})\\&= \sin 2\omega(|z|+|z|^{-1})^2-\xi\sin 2\omega(|z|+|z|^{-1})\sec\omega-2\sin 2\omega\\&= \chi(z)\sin 2\omega,\end{aligned}\tag{4.1.27}$$

其中 $\chi(z)=F(|z|)^2-\xi F(|z|)\sec\omega-2,\ \ F(s)=s+s^{-1}$.

命题 4.1.2　如果 $|\xi|<1$, 则相函数满足

$$\operatorname{Re}[2i\theta]\geqslant\frac{1}{4}(1-|\xi|)F(|z|)^2|\sin 2\omega|,\quad z\in\Omega_1\cup\Omega_3,$$
$$\operatorname{Re}[2i\theta]\leqslant-\frac{1}{4}(1-|\xi|)F(|z|)^2|\sin 2\omega|,\quad z\in\Omega_2\cup\Omega_4.$$

证明　注意到, 对于 $z\in\Omega_1$, 有 $F(|z|)\geqslant 2$, 以及 $\omega\in(0,\phi(\xi))$, 由此推知

$$\frac{2|\xi|}{1+|\xi|}<\cos\omega<1\Longrightarrow 0<\sec\omega<\frac{1+|\xi|}{2|\xi|}.$$

因此

$$\begin{aligned}\chi(z)&\geqslant F(|z|)^2-F(|z|)|\xi|\sec\omega-2\\&\geqslant F(|z|)^2-\frac{1+|\xi|}{4}F(|z|)^2-\frac{1}{2}F(|z|)^2=\frac{1-|\xi|}{4}F(|z|)^2.\end{aligned}$$

于是有

$$\operatorname{Re}[2i\theta]\geqslant\frac{1}{4}(1-|\xi|)F(|z|)^2\sin 2\omega,\quad z\in\Omega_1.$$

□

注 4.1.3　上述命题表明, 在 Ω_1 和 Ω_3 中, 振荡项 $e^{2it\theta(z)}$ 沿射线 $z=|z|e^{i\omega}$ 负指数衰减 $e^{-2it\theta(z)}\to 0,\ t\to\infty$. 在 Ω_2 和 Ω_4 中, 振荡项 $e^{2it\theta(z)}$ 沿射线 $z=|z|e^{i\omega}$ 正指数衰减 $e^{2it\theta(z)}\to 0,\ t\to\infty$. 注意到

$$m_+^{(1)}(z)=m_-^{(1)}(z)v^{(1)}(z),\quad z\in\Sigma^{(1)},\tag{4.1.28}$$

其中 $m_+^{(1)}$ 在 $\mathbb{C}^+\setminus\Sigma^{(1)}$ 中亚纯, $m_-^{(1)}$ 在 $\mathbb{C}^-\setminus\Sigma^{(1)}$ 中亚纯, 其中跳跃矩阵 $v^{(1)}(z)$ 在实轴上的跳跃由 (4.1.20) 给出. 由图 4.5 看出, 在 $(-\infty,0)$ 上应该利用第一种分解打开跳跃线; 在 $(0,\infty)$ 上应该利用第二种分解打开跳跃线. 另外, 经典的速降法一般在相位点处打开实轴上的跳跃线, 而这里是在原点打开实轴上的跳跃线.

命题 4.1.3 设 $q_0(x) \in \tanh x + L^{1,3}(\mathbb{R})$, $q_0'(x) \in W^{1,1}(\mathbb{R})$, 则可以定义函数 $R_j : \Omega_j \to \mathbb{C}, j = 1,2,3,4$ 满足如下边界条件

$$R_1(z) = \begin{cases} \dfrac{\overline{r(z)}}{1-|r(z)|^2} T_+(z)^{-2}, & z \in (0,\infty), \\ 0, & z \in \Sigma_1, \end{cases} \tag{4.1.29}$$

$$R_2(z) = \begin{cases} r(z)T(z)^2, & z \in (-\infty,0), \\ 0, & z \in \Sigma_2, \end{cases} \tag{4.1.30}$$

$$R_3(z) = \begin{cases} \overline{r(z)}T(z)^{-2}, & z \in (-\infty,0), \\ 0, & z \in \Sigma_3, \end{cases} \tag{4.1.31}$$

$$R_4(z) = \begin{cases} \dfrac{r(z)}{1-|r(z)|^2} T_-(z)^2, & z \in (0,\infty), \\ 0, & z \in \Sigma_4. \end{cases} \tag{4.1.32}$$

对于 $j = 2,3$, 固定常数 $c_1 = c_1(q_0)$, $R_j(z)$ 具有以下估计

$$|\bar{\partial} R_j(z)| \leqslant c_1|z|^{-1/2} + c_2|r'(-|z|)|, \quad z \in \Omega_j, \tag{4.1.33}$$

对于 $j = 1,4$, 固定常数 $c_1 = c_1(q_0)$, 截断函数 $\varphi \in C_0^\infty(\mathbb{R},[0,1])$, $R_j(z)$ 具有以下估计

$$|\bar{\partial} R_j(z)| \leqslant c_1|z|^{-1/2} + c_1|r'(|z|)| + c_1\varphi(|z|), \quad z \in \Omega_j, \tag{4.1.34}$$

$$|\bar{\partial} R_j(z)| \leqslant c_1|z-1|, \quad z \in \Omega_j. \tag{4.1.35}$$

证明 在构造 $T(z)$ 函数过程, 在右半实轴 $(0,\infty)$ 引入了跳跃, 由此造成跳跃矩阵 $v^{(1)}(z)$ 具有两种矩阵分解, 由 (4.1.19) 看到跳跃矩阵 $v^{(1)}(z)$ 在跳跃线 $(-\infty,0)$ 上使用的第一种分解, 二个矩阵乘积因子在 $(-\infty,0)$ 上没奇性, 并且有界的, 因此打开 $(-\infty,0)$, 做连续延拓所得到 $R_2(z), R_3(z)$ 的 $\bar{\partial}$-导数估计与 2008 年 Dieng 在 *Arxiv* 上论文类似, 也就是估计 (4.1.33).

而跳跃矩阵 $v^{(1)}(z)$ 在跳跃线 $(0,\infty)$ 上使用的第二种分解, 二个矩阵乘积因子中都含有 $\dfrac{r(z)}{1-|r(z)|^2}$, $\dfrac{\overline{r(z)}}{1-|r(z)|^2}$, 从前面 (3.1.9) 看到 $\lim_{z\to 1}|r(z)| = 1$, 因此跳跃矩阵 $v^{(1)}$ 在跳跃线 $(0,\infty)$ 上的 $z=1$ 处具有奇性, 这点附近无界, 在打开跳跃线 $(0,\infty)$ 做连续延拓过程, 需要引入截断函数特殊处理. 关于 $R_4(z)$ 的 $\bar{\partial}$-导数估计与 $R_1(z)$ 类似, 因此我们只需详细估计 $R_1(z)$.

对于 $R_1(z)$ 的连续延拓, 虽然 $\dfrac{\overline{r(z)}}{1-|r(z)|^2}$ 在 $z=1$ 具有奇性, 但可去的, 因为这种奇性可被乘的因子 $T_+(z)^{-2}$ 消除, 事实上利用 (4.1.5), 有

$$\frac{\overline{r(z)}}{1-|r(z)|^2}T_+(z)^{-2}=\frac{\overline{r(z)}}{1-|r(z)|^2}T_-(z)^{-2}(1-|r(z)|^2)^2=\overline{r(z)}T_-(z)^{-2}(1-|r(z)|^2).$$

利用 (3.1.3)—(3.1.4), 将上式改写为

$$\frac{\overline{r(z)}}{1-|r(z)|^2}T_+(z)^{-2}=\frac{\overline{s_{21}(z)}}{s_{11}(z)}\left(\frac{s_{11}(z)}{T_+(z)}\right)^2=\frac{\overline{J_b(z)}}{J_a(z)}\left(\frac{s_{11}(z)}{T_+(z)}\right)^2, \tag{4.1.36}$$

其中

$$J_b(z)=\det[\psi_1^+(z,x),\psi_1^-(z,x)],\quad J_a(z)=\det[\psi_1^-(z,x),\psi_2^+(z,x)]$$

独立于变量 x.

由定理 2.2.1 和命题 4.1.1, 推知 (4.1.36) 的右边分母在 Ω_1 内非零且解析, 在边界 $\partial\Omega_1$ 有定义和非零极限; 左边分子在 $z=1$ 之外有定义. 引入在 0, 1 附近具有小支集的截断函数 $\chi_0,\chi_1\in C_0^\infty(\mathbb{R},[0,1])$, 使得对充分小的 s, $\chi_0(s)=\chi_1(1+s)=1$. 此外为保持对称性附加条件 $\chi_1(s)=\chi_1(s^{-1})$. 这样在 $\mathbb{R}^+$ 上 $R_1(z)$ 可写为

$$R_1(z)=R_{11}(z)+R_{12}(z),$$

其中

$$R_{11}(z):=(1-\chi_1(z))\frac{\overline{r(z)}}{1-|r(z)|^2}T_+(z)^{-2},\quad R_{12}(z):=\chi_1(z)\frac{\overline{J_b(z)}}{J_a(z)}\left(\frac{s_{11}(z)}{T_+(z)}\right)^2. \tag{4.1.37}$$

由于 $\lim_{z\to1}|r(1)|=1$, 上述这样分解的目的是减轻在 $z=1$ 附近的奇性影响. 对充分小的 δ_0, 将上述 $R_{11}(z)$, $R_{12}(z)$ 通过如下方式延拓到 Ω_1 内

$$R_{11}(z):=(1-\chi_1(|z|))\frac{\overline{r(|z|)}}{1-|r(|z|)|^2}T(z)^{-2}\cos(k\arg z), \tag{4.1.38}$$

$$R_{12}(z):=f(|z|)g(z)\cos(k\arg z)+\frac{i|z|}{k}\chi_0(\arg z/\delta_0)f'(|z|)g(z)\sin(k\arg z), \tag{4.1.39}$$

其中

$$k:=\frac{\pi}{2\theta_0},\quad g(z):=\left(\frac{s_{11}(z)}{T(z)}\right)^2,\quad f(z):=\chi_1(z)\frac{\overline{J_b(z)}}{J_a(z)}.$$

利用对称性 (2.3.12), (3.1.5) 和命题 4.1.1 (1), 以及 $\chi_1(s) = \chi_1(s^{-1})$, 可以证明 $R_{11}(s) = \overline{R_{11}(\overline{s^{-1}})}$. 同理证明 $R_{12}(s) = \overline{R_{12}(\overline{s^{-1}})}$. 于是 $R_1(s) = \overline{R_1(\overline{s^{-1}})}$.

(i) 先估计 $R_{11}(s)$ 的 $\overline{\partial}$-导数.

对 (4.1.38) 求 $\overline{\partial}$-导数, 得到

$$\bar{\partial} R_{11}(z) = -\frac{\bar{\partial}\chi_1}{T(z)^2}\frac{\overline{r(|z|)}\cos(k\arg z)}{1-|r(|z|)|^2} + \frac{1-\chi_1}{T(z)^2}\bar{\partial}\left(\frac{\overline{r(|z|)}\cos(k\arg z)}{1-|r(|z|)|^2}\right), \quad (4.1.40)$$

由 (3.1.4), 知道 $1-|r(z)|^2 > c > 0$, $z \in \mathrm{supp}(1-\chi_1(|z|))$. 而在 $z \in \Omega_1 \cap \mathrm{supp}(1-\chi_1(|z|))$, 由 $T(z)$ 的定义 (4.1.3),

$$\left|T(z)^{-2}\right| \leqslant C|\delta(z)|^{-2}, \quad (4.1.41)$$

其中

$$\delta(z) = \exp\left(\frac{1}{2\pi i}\int_0^\infty \frac{\log(1-|r|^2)}{s-z}ds\right).$$

令 $z = x' + iy'$, $y' > 0$, 直接计算, 可知

$$\begin{aligned}
|\delta(z)| &= \exp\left[\frac{1}{2\pi}\int \frac{y'}{(s-x')^2+y'^2}\log(1-|r|^2)ds\right]. \\
&\geqslant \exp\left[\frac{1}{2\pi}\log c\int_0^\infty \frac{y'}{(\xi-x)^2+y'^2}d\xi\right] \\
&\geqslant \exp\left[\frac{1}{2\pi}\log(1-\|r\|_{L^\infty}^2)\int_{-\infty}^\infty \frac{1}{1+\left(\dfrac{\xi-x'}{y'}\right)^2}d\left(\frac{\xi-x'}{y'}\right)\right] = e^{\frac{1}{2}\log c}.
\end{aligned}$$

因此

$$\left|T(z)^{-2}\right| \leqslant Ce^{-\log c}.$$

记 $z = |z|e^{i\arg z} := |z|e^{i\alpha}$, 则有

$$\bar{\partial} = \frac{1}{2}e^{i\alpha}(\partial_{|z|} + i|z|^{-1}\partial_\alpha), \quad \frac{\partial|z|}{\partial\bar{z}} = \frac{1}{2}e^{i\alpha}, \quad \frac{\partial\alpha}{\partial\bar{z}} = \frac{1}{2}i|z|^{-1}e^{i\alpha}.$$

注意到 $T(z)$, $g(z)$ 在 Ω_1 内解析, 先估计 (4.1.40) 的第一项

$$\left|\frac{\bar{\partial}\chi_1}{T(z)^2}\frac{\overline{r(|z|)}\cos(k\alpha)}{1-|r(|z|)|^2}\right| = \left|\frac{\frac{1}{2}e^{i\alpha}\chi_1'\bar{r}\cos(k\alpha)}{T(z)^2(1-|r(|z|)|^2)}\right| \leqslant c_1\varphi(|z|), \quad (4.1.42)$$

其中 $\varphi \in C_0^\infty(\mathbb{R}, [0,1])$ 在 $z=1$ 附近具有支集.

由于 $r(0)=0$, $r(z)\in H^1(\mathbb{R})$, 可得到 $|r(|z|)| \leqslant \|r'(z)\|_{L^2(\mathbb{R})}|z|^{1/2}$. 再估计 (4.1.40) 的第二项

$$\begin{aligned}&\left|\frac{1-\chi_1}{T(z)^2}\bar{\partial}\left(\frac{\overline{r(|z|)}\cos(k\alpha)}{1-|r(|z|)|^2}\right)\right|\\ =&\left|\frac{1-\chi_1}{T^2(1-|r|^2)^2}\right|\left|\frac{1}{2}e^{i\alpha}(\bar{r}'\cos(k\alpha)-ik\bar{r}|z|^{-1}\sin(k\alpha))(1-|r|^2)\right.\\ &\left.+\frac{1}{2}e^{i\alpha}(r'\bar{r}+\bar{r}'r)r\cos(k\alpha)\right|\leqslant c_2|r'(z)|+c_3|r(z)|/|z|\leqslant c_2|r'(z)|+c_3|z|^{-1/2}.\end{aligned} \tag{4.1.43}$$

(4.1.42) 与 (4.1.43) 结合, 给出 (4.1.40) 的估计.

$$|\bar{\partial}R_{11}(z)|\leqslant c_1\varphi(|z|)+c_2|r'(z)|+c_3|z|^{-1/2}. \tag{4.1.44}$$

(ii) 再估计 $R_{12}(s)$ 的 $\bar{\partial}$-导数.

对 (4.1.39) 求 $\bar{\partial}$-导数, 得到

$$\begin{aligned}\bar{\partial}R_{12}(z)=&\frac{1}{2}e^{i\alpha}g(z)\left[f'\cos(k\alpha)(1-\chi_0(\alpha/\delta_0))-ikf|z|^{-1}\sin(k\alpha)\right.\\ &\left.+ik^{-1}(|z|f')'\sin(k\alpha)\chi_0(\alpha/\delta_0)+i(k\delta)^{-1}f\sin(k\alpha)\chi_0'(\alpha/\delta_0)\right],\end{aligned} \tag{4.1.45}$$

由 (4.1.8), 推知 $g(z)$ 有界, 在命题 3.1.2 下, 即 $q(x)\in\tanh x+L^{1,2}(\mathbb{R})$, $q'(x)\in W^{1,1}(\mathbb{R})$, 上述括号中第 1, 3, 4 项是有界的, 第 2 项在支集 $\mathrm{supp}\chi_1$ 中有界, 因此

$$|\bar{\partial}R_{12}(z)|\leqslant c_3\varphi(|z|). \tag{4.1.46}$$

最后 (4.1.44), (4.1.46) 结合, 给出我们证明的估计 (4.1.34).

对于 $z\to 1$, 有 $\alpha\to 0$, $\sin(k\alpha)\to 0$, $\chi_0(\alpha/\delta_0)=1$, 因此 (4.1.45) 化为

$$|\bar{\partial}R_{12}(z)|\leqslant c\sin(k\alpha)=c|z-1|.$$

这证明了结论 (4.1.35). □

4.1.4 混合 $\bar{\partial}$-RH 问题及其分解

定义路径

$$\Sigma^{(2)}=\bigcup_{j\in H\setminus\Lambda}\{z\in C:|z-z_j|=\rho \text{ 或者 } |z-\bar{z}_j|=\rho\}, \tag{4.1.47}$$

以及函数

$$\mathcal{R}^{(2)}=\begin{cases}\begin{pmatrix}1 & -R_1e^{-2it\theta(z)}\\ 0 & 1\end{pmatrix}^{-1}=W_R^{-1}, & z\in\Omega_1,\\ \begin{pmatrix}1 & 0\\ -R_2e^{2it\theta(z)} & 1\end{pmatrix}^{-1}=U_R^{-1}, & z\in\Omega_2,\\ \begin{pmatrix}1 & R_3e^{-2it\theta(z)}\\ 0 & 1\end{pmatrix}=U_L, & z\in\Omega_3,\\ \begin{pmatrix}1 & 0\\ R_4e^{2it\theta(z)} & 1\end{pmatrix}=W_L, & z\in\Omega_4,\\ I, & z\in\mathbb{C}\setminus\overline{\Omega}.\end{cases}\tag{4.1.48}$$

做变换

$$m^{(2)}(z)=m^{(1)}(z)\mathcal{R}^{(2)},\tag{4.1.49}$$

则 $\Sigma^{(1)}$ 上的 RH 问题化为 $\Sigma^{(2)}$ 上的混合 RH 问题:

RHP 4.1.2 寻找 $m^{(2)}(z)=m^{(2)}(z;x,t)$, 满足

▶ 解析性: $m^{(2)}(z)$ 在 $\mathbb{C}\setminus\Sigma^{(2)}$ 内连续.

▶ 渐近性: $m^{(2)}(z)\longrightarrow I, z\to\infty; m^{(2)}(z)\longrightarrow z^{-1}\sigma_1, z\to 0$.

▶ 跳跃条件: $m_+^{(2)}(z)=m_-^{(2)}(z)v^{(2)}(z), z\in\Sigma^{(2)}$,

其中跳跃矩阵

$$v^{(2)}(z)=\begin{cases}\begin{pmatrix}1 & 0\\ -\dfrac{c_j}{z-z_j}T(z)^2e^{2it\theta(z_j)} & 1\end{pmatrix}, & |z-z_j|=\rho,\ j\in\nabla,\\ \begin{pmatrix}1 & -\dfrac{z-z_j}{c_j}T(z)^{-2}e^{-2it\theta(z_j)}\\ 0 & 1\end{pmatrix}, & |z-z_j|=\rho,\ j\in\Delta,\\ \begin{pmatrix}1 & \dfrac{\bar{c}_j}{z-\bar{z}_j}T(z)^{-2}e^{2it\theta(z_j)}\\ 0 & 1\end{pmatrix}, & |z-z_j|=\rho,\ j\in\nabla,\\ \begin{pmatrix}1 & 0\\ \dfrac{z-\bar{z}_j}{\bar{c}_j}T(z)^2e^{-2it\theta(z_j)} & 1\end{pmatrix}, & |z-z_j|=\rho,\ j\in\Delta.\end{cases}\tag{4.1.50}$$

▶ $\bar{\partial}$-导数: 对 $z\in\mathbb{C}$, 我们有

$$\bar{\partial}m^{(2)}=m^{(2)}\bar{\partial}\mathcal{R}^{(2)}(z),$$

其中

$$\bar{\partial}\mathcal{R}^{(2)} = \begin{cases} \begin{pmatrix} 0 & -\bar{\partial}R_1 e^{-2it\theta(z)} \\ 0 & 0 \end{pmatrix}, & z \in \Omega_1, \\ \begin{pmatrix} 0 & 0 \\ -\bar{\partial}R_2 e^{2it\theta(z)} & 0 \end{pmatrix}, & z \in \Omega_2, \\ \begin{pmatrix} 0 & \bar{\partial}R_3 e^{-2it\theta(z)} \\ 0 & 0 \end{pmatrix}, & z \in \Omega_3, \\ \begin{pmatrix} 0 & 0 \\ \bar{\partial}R_4 e^{2it\theta(z)} & 0 \end{pmatrix}, & z \in \Omega_4, \\ 0, & \text{其他}. \end{cases} \tag{4.1.51}$$

► 留数条件: 如果 $j_0 \in H \setminus \Lambda$, 则 $m^{(2)}(z)$ 在 $\mathbb{C} \setminus (\Sigma^{(2)} \cup \overline{\Omega})$ 解析, 如果存在 $j_0 \in H$, 则 $m^{(2)}(z)$ 在 $\mathbb{C} \setminus (\Sigma^{(2)} \cup \overline{\Omega})$ 亚纯; 此时对应一对简单极点 z_j, $\bar{z}_j \in \mathcal{Z}$ 满足留数条件, $C_{j_0} = c_{j_0} T(z_{j_0})^2$,

$$\operatorname*{Res}_{z=z_{j_0}} m^{(2)}(z) = \begin{cases} \lim\limits_{z \to z_{j_0}} m^{(2)}(z) \begin{pmatrix} 0 & 0 \\ C_{j_0} e^{2it\theta(z_{j_0})} & 0 \end{pmatrix}, & j_0 \in \nabla \cap \Lambda, \\ \lim\limits_{z \to z_{j_0}} m^{(2)}(z) \begin{pmatrix} 0 & C_{j_0} e^{-2it\theta(z_{j_0})} \\ 0 & 0 \end{pmatrix}, & j_0 \in \Delta \cap \Lambda, \end{cases}$$

$$\operatorname*{Res}_{z=\bar{z}_{j_0}} m^{(2)}(z) = \begin{cases} \lim\limits_{z \to \bar{z}_{j_0}} m^{(2)}(z) \begin{pmatrix} 0 & \bar{C}_{j_0} e^{2it\theta(z_{j_0})} \\ 0 & 0 \end{pmatrix}, & j_0 \in \nabla \cap \Lambda, \\ \lim\limits_{z \to \bar{z}_{j_0}} m^{(2)}(z) \begin{pmatrix} 0 & 0 \\ \bar{C}_{j_0} e^{-2it\theta(z_{j_0})} & 0 \end{pmatrix}, & j_0 \in \Delta \cap \Lambda. \end{cases} \tag{4.1.52}$$

NLS 方程的解与该 RH 问题的解之间联系为

$$q(x,t) = 2i \lim_{z \to \infty} \left(z m^{(2)}(z;x,t) \right)_{21}.$$

为求解 RHP4.1.2, 我们根据 $\bar{\partial}R^{(2)} = 0$, 将 $m^{(2)}(z)$ 分解为二部分处理

$$m^{(2)}(z) = \begin{cases} \bar{\partial}R^{(2)} = 0 \to \ m^{\mathrm{sol}}(z), \\ \bar{\partial}R^{(2)} \neq 0 \to \ m^{(3)} = m^{(2)}(m^{\mathrm{sol}})^{-1}, \end{cases} \tag{4.1.53}$$

其中 $m^{\mathrm{sol}}(z)$ 为混合 RH 问题去除 $\bar{\partial}$ 成分后, 所对应的纯 RH 问题的解, 即

$$m^{\mathrm{sol}}(z)=m^{(2)}(z)\Big|_{\bar{\partial}R^{(2)}=0}. \tag{4.1.54}$$

$m^{\mathrm{sol}}(z)$ 继承了 $m^{(2)}(z)$ 的极点和跳跃线, 因此我们进一步将 $m^{\mathrm{sol}}(z)$ 分解为控制极点和跳跃的二个 RH 问题处理, 其中对 $m^{\mathrm{sol}}(z)$ 的主要贡献来自时空锥 $|\xi|\leqslant 1$ 内的极点

$$m^{\Lambda}(z)=m^{\mathrm{sol}}(z)\Big|_{v^{(2)}=I}. \tag{4.1.55}$$

跳跃线的贡献是次要的形成误差

$$m^{\mathrm{err}}(z)=m^{\mathrm{sol}}(z)m^{\Lambda}(z)^{-1}. \tag{4.1.56}$$

具体我们在 4.2 节中解决.

而 $m^{(3)}(z)$ 为去除 $m^{(2)}(z)$ 的解析成分 $m^{\mathrm{sol}}(z)$ 后, 剩下连续部分所构成纯 $\bar{\partial}$-问题的解, 即

$$m^{(3)}(z)=m^{(2)}(z)m^{\mathrm{sol}}(z)^{-1}, \tag{4.1.57}$$

具体我们在 4.3 节中解决.

4.2 纯 RH 问题及其渐近性

这一节, 我们解决 (4.1.54) 的存在唯一性和渐近性, 其满足如下纯 RH 问题.

4.2.1 带反射的 N-孤子解

RHP 4.2.1 寻找 $m^{\mathrm{sol}}(z)=m^{\mathrm{sol}}(z;x,t)$, 满足

- ▶ 解析性: $m^{\mathrm{sol}}(z)$ 在 $\mathbb{C}\setminus\Sigma^{(2)}$ 内亚纯.
- ▶ 渐近性: $m^{\mathrm{sol}}(z)\longrightarrow I, z\to\infty$.
- ▶ 跳跃条件: $m_{+}^{\mathrm{sol}}(z)=m_{-}^{\mathrm{sol}}(z)v^{(2)}(z), z\in\Sigma^{(2)}$.
- ▶ $\bar{\partial}$-导数: $\bar{\partial}R^{(2)}=0$.
- ▶ 留数条件: 在极点 z_{j_0}, $j_0\in\Lambda$ 满足留数条件 (4.1.52).

命题 4.2.1 对给定散射数据 $\{r(z),\{z_j,c_j\}_{j=0}^{N-1}\}$, RHP 4.2.1 的解 $m^{\mathrm{sol}}(z)$ 存在, 并且通过显式变换等价于原始 RHP 3.2.1 对应修正散射数据 $\{\widetilde{r}=0,\{z_j,\widetilde{c}_j\}_{j=0}^{N-1}\}$ 无反射的 N-孤子解, 其中关联系数

$$\widetilde{c}_j=c_j\exp\left(2i\int_0^{\infty}\nu(s)\left(\frac{1}{s-z_j}-\frac{1}{2s}\right)ds\right), \tag{4.2.1}$$

并且

$$q^{\mathrm{sol},N}(x,t)=\lim_{z\to\infty}(zm^{\mathrm{sol}}(z))_{21}$$

为对应修正散射数据 $\{\widetilde{r}=0,\{z_j,\widetilde{c}_j\}_{j=0}^{N-1}\}$ 的 NLS 方程 N-孤子解.

证明 RHP 4.2.1 含有若干小圆周组成的跳跃线 $\Sigma^{(2)}$ 上的跳跃和锥 Λ 中的极点. 我们对 (4.1.18) 做反向变换

$$\widetilde{m}(z)=\left(\prod_{k\in\Delta}\bar{z}_k\right)^{\sigma_3}m^{\mathrm{sol}}(z)F(z)\left[\prod_{k\in\Delta}\frac{z-z_k}{zz_k-1}\right]^{-\sigma_3}. \tag{4.2.2}$$

$$F(z)=\begin{cases}\begin{pmatrix}1 & 0\\ \dfrac{c_je^{2it\theta(z_j)}}{z-z_j}T(z)^2 & 1\end{pmatrix}, & |z-z_j|<\rho,\ j\in\nabla\setminus\Lambda,\\ \begin{pmatrix}1 & \dfrac{z-z_j}{c_je^{2it\theta(z_j)}}T(z)^{-2}\\ 0 & 1\end{pmatrix}, & |z-z_j|<\rho,\ j\in\Delta\setminus\Lambda,\\ \begin{pmatrix}1 & \dfrac{\bar{c}_je^{-2it\theta(\bar{z}_j)}}{z-\bar{z}_j}T(z)^{-2}\\ 0 & 1\end{pmatrix}, & |z-\bar{z}_j|<\rho,\ j\in\nabla\setminus\Lambda,\\ \begin{pmatrix}1 & 0\\ \dfrac{z-\bar{z}_j}{\bar{c}_je^{2it\theta(\bar{z}_j)}}T(z)^2 & 1\end{pmatrix}, & |z-\bar{z}_j|<\rho,\ j\in\Delta\setminus\Lambda.\\ I, & \text{其他}.\end{cases} \tag{4.2.3}$$

则该变换具有如下作用:

$\widetilde{m}(z)$ 在原点和无穷远点仍然保持与 (3.2.1) 相同的规范条件;

由 (4.1.50) 和 (4.2.3), 推出 $\widetilde{m}(z)$ 小圆周上没有跳跃;

由 (4.1.3) 和 RHP 4.2.1 推出上述变换将小圆周上的跳跃恢复到原始 RHP 3.2.1 的离散谱集 $\mathcal{Z}$, 并且 $\widetilde{m}(z)$ 在其中每一点都是简单极点.

将关联系数 (3.2.4) 替换为关联系数 (4.2.1), 直接计算 $\widetilde{m}(z)$ 满足留数条件 (3.2.2)-(3.2.3), 因此, $\widetilde{m}(z)$ 为 RHP 3.2.1 在修正散射数据 $\{\widetilde{r}=0,\{z_j,\widetilde{c}_j\}_{j=0}^{N-1}\}$ 下的解, 关联系数仍然保持实条件 $\widetilde{c}_j=iz_j|\widetilde{c}_j|$. 因此 $m^{\mathrm{sol}}(z)$ 是 RHP 3.2.1 的 N-孤子解. 无反射势仍生成相同的离散谱集 $\widetilde{m}(z)$, 但其关联系数为 (4.2.1), 可看作原来关联系数 (3.2.4) 的扰动. 这类 RH 问题解的存在唯一性, 可见文献 [62] 的附录 A. □

假设 $m^{\Lambda}(z)$ 为 $m^{\mathrm{sol}}(z)$ 移除跳跃成分后, 所对应 RH 问题的解, 即

$$m^{\Lambda}(z)=m^{\mathrm{sol}}(z)\Big|_{v^{(2)}=I}=m^{(2)}(z)\Big|_{\bar{\partial}R^{(2)}=0,\ v^{(2)}=I}.$$

RHP 4.2.2 寻找 $m^{\Lambda}(z)=m^{\Lambda}(z;x,t)$, 满足

▶ 解析性: $m^{\Lambda}(z)$ 在 $\mathbb{C}$ 内亚纯.

▶ 渐近性: $m^{\Lambda}(z)\longrightarrow I, z\to\infty, zm^{\Lambda}(z)\longrightarrow\sigma_1, z\to 0$.

▶ $\bar\partial$-导数: $\bar\partial R^{(2)}=0$.

▶ 留数条件: 在极点 z_{j_0}, $j_0\in\Lambda$ 处满足留数条件 (4.1.52).

命题 4.2.2 对给定散射数据修正散射数据 $\{\tilde r=0,\{z_{j_0},C_{j_0}\},\ \ j_0\in\Lambda\}$,

$$C_{j_0}=c_{j_0}\prod_{j\in\Delta}\frac{z-z_j}{zz_j-1}\exp\left(2i\int_0^{\infty}\nu(s)\left(\frac{1}{s-z_{j_0}}-\frac{1}{2s}\right)ds\right). \tag{4.2.4}$$

则 RHP 4.2.2 的解 $m^{\Lambda}(z)$ 存在唯一, 并可显式构造:

(i) 如果 $\Lambda=\varnothing$, 则所有离散谱 z_{j_0} 远离临界线 $\mathrm{Re}z=\xi$, 此时

$$m^{\Lambda}(z)=I+z^{-1}\sigma_1. \tag{4.2.5}$$

(ii) 如果 $\Lambda\neq\varnothing$, 则

$$m^{\Lambda}(z)=I+z^{-1}\sigma_1+\begin{pmatrix}\dfrac{\alpha_{j_0}}{z-z_{j_0}} & \dfrac{\bar\beta_{j_0}}{z-\bar z_{j_0}}\\ \dfrac{\beta_{j_0}}{z-z_{j_0}} & \dfrac{\bar\alpha_{j_0}}{z-\bar z_{j_0}}\end{pmatrix}, \tag{4.2.6}$$

其中

$$j_0\in\nabla\cap\Lambda,\quad \alpha_{j_0}=-z_{j_0}\bar\beta_{j_0},\quad \beta_{j_0}=\frac{2iz_{j_0}\mathrm{Im}(z_{j_0})e^{-2\varphi_{j_0}}}{1+e^{-2\varphi_{j_0}}}, \tag{4.2.7}$$

$$j_0\in\Delta\cap\Lambda,\quad \alpha_{j_0}=-\bar z_{j_0}\bar\beta_{j_0},\quad \beta_{j_0}=-\frac{2i\bar z_{j_0}\mathrm{Im}(z_{j_0})e^{-2\varphi_{j_0}}}{1+e^{-2\varphi_{j_0}}}, \tag{4.2.8}$$

$$\varphi_{j_0}=\mathrm{Im}(z_{j_0})[x-2\mathrm{Re}(z_{j_0})t-x_{j_0}],$$

$$x_{j_0}=\frac{1}{2\mathrm{Im}(z_{j_0})}\left[\log\left(\frac{|c_{j_0}|}{2\mathrm{Im}(z_{j_0})}\prod_{k\in\Delta,k\neq z_{j_0}}\frac{z_{j_0}-z_k}{z_{j_0}z_k-1}\right)-\frac{\mathrm{Im}(z_{j_0})}{\pi}\int_0^{\infty}\frac{\log(1-|r|^2)}{|s-z_{j_0}|^2}ds\right]. \tag{4.2.9}$$

(iii) $m^{\Lambda}(z)$ 在无穷远点具有如下渐近展开

$$m^{\Lambda}(z)=I+z^{-1}\begin{pmatrix}\alpha_{j_0} & 1+\bar\beta_{j_0}\\ 1+\beta_{j_0} & \bar\alpha_{j_0}\end{pmatrix}+\mathcal{O}(z^{-2}),\quad z\to\infty. \tag{4.2.10}$$

(iv) z_{j_0} 中离散谱对应的孤子解为

$$q_{j_0}(x,t) = 1 + \beta_{j_0} = \mathrm{sol}(z_{j_0}; x - x_{j_0}, t), \tag{4.2.11}$$

其中

$$\mathrm{sol}(z_{j_0}; x - x_{j_0}, t) = -iz_{j_0}[i\mathrm{Re}(z_{j_0}) + \mathrm{Im}(z_{j_0})\tanh\varphi_{j_0}], \quad j_0 \in \nabla \cap \Lambda,$$

$$\mathrm{sol}(z_{j_0}; x - x_{j_0}, t) = -i\bar{z}_{j_0}[i\mathrm{Re}(z_{j_0}) + \mathrm{Im}(z_{j_0})\tanh\varphi_{j_0}], \quad j_0 \in \Delta \cap \Lambda.$$

证明 (i) 如果 $\Lambda = \varnothing$, 则 $m^\Lambda(z)$ 除了 $z = 0$ 之外解析, 令

$$\widetilde{m}^\Lambda(z) = m^\Lambda(z)(I + z^{-1}\sigma_1)^{-1}.$$

注意到

$$(I + z^{-1}\sigma_1)^{-1} = (1 - z^{-2})^{-1}\sigma_2(I + z^{-1}\sigma_1)^{\mathrm{T}}\sigma_2,$$

则

$$\lim_{z\to 0}\widetilde{m}^\Lambda(z) = \lim_{z\to 0}\frac{zm^\Lambda(z)\sigma_2(z(I + z^{-1}\sigma_1)^{\mathrm{T}})\sigma_2}{z^2 - 1} = -(\sigma_1\sigma_2)^2 = I.$$

又

$$\widetilde{m}^\Lambda(z) = m^\Lambda(z)(I + z^{-1}\sigma_1)^{-1} \sim I, \quad z \to \infty.$$

因此 $\widetilde{m}^\Lambda(z)$ 在 $\mathbb{C}$ 内有界解析, 因此其为一个常矩阵, 且 $\widetilde{m}^\Lambda(z) = I$, 这样证明了 $m^\Lambda(z) = I + z^{-1}\sigma_1$.

(ii)—(iv) 如果 $\Lambda \neq \varnothing$, 假设 $z = 0, z_{j_0}, \bar{z}_{j_0}$ 为 $m^\Lambda(z)$ 的极点. RHP 4.2.2 的解 $m^\Lambda(z)$ 等价于以 $z = 0, z_{j_0}, \bar{z}_{j_0}$ 为极点的无反射 RHP 3.2.1 的解 $m(z)$, 用关联系数 C_{j_0} 替换 c_j. 可以分析出 RHP 4.2.2 具有 (4.2.6) 形式的解, 由此得到 NLS 的孤子解为 (4.2.11). 其可以看作单孤子解之和. 因此, 我们只需求每个离散谱 z_{j_0} 对应的孤子解.

► 对于 $j_0 \in \nabla \cap \Lambda$, 上述 RHP 4.2.2 具有如下形式解

$$m^\Lambda(z) = I + \frac{\sigma_1}{z} + \frac{1}{z - z_{j_0}}\begin{pmatrix}\alpha_{j_0} & 0\\ \beta_{j_0} & 0\end{pmatrix} + \frac{1}{z - \bar{z}_{j_0}}\begin{pmatrix}0 & \bar{\beta}_{j_0}\\ 0 & \bar{\alpha}_{j_0}\end{pmatrix}, \tag{4.2.12}$$

其中 $\alpha_{j_0} = -z_{j_0}\bar{\beta}_{j_0}$, 系数 $\alpha_{j_0}, \beta_{j_0}$ 待定.

直接将 (4.2.12) 代入 (4.1.52), 左边求 $z = z_{j_0}$ 点留数, 右边求 $z \to z_{j_0}$ 的极限可得到

$$\begin{pmatrix} \alpha_{j_0} & 0 \\ \beta_{j_0} & 0 \end{pmatrix} = \begin{pmatrix} \gamma_{j_0} z_{j_0}^{-1} & 0 \\ \gamma_{j_0} & 0 \end{pmatrix} + \frac{1}{z_{j_0} - \bar{z}_{j_0}} \begin{pmatrix} \gamma_{j_0} \bar{\beta}_{j_0} & 0 \\ \gamma_{j_0} \bar{\alpha}_{j_0} & 0 \end{pmatrix}, \tag{4.2.13}$$

其中

$$\gamma_{j_0} := C_{j_0} e^{2it\theta(z_{j_0})} = C_{j_0} e^{-2\varphi'}, \quad \varphi' = \mathrm{Im}(z_{j_0})[x - 2\mathrm{Re}(z_{j_0})t].$$

由 (4.2.13) 得到如下线性方程组

$$\alpha_{j_0} = \gamma_{j_0} z_{j_0}^{-1} + \frac{\gamma_{j_0} \bar{\beta}_{j_0}}{z_{j_0} - \bar{z}_{j_0}},$$

$$\beta_{j_0} = \gamma_{j_0} + \frac{\gamma_{j_0} \bar{\alpha}_{j_0}}{z_{j_0} - \bar{z}_{j_0}}.$$

将第二个方程代入 $\alpha_{j_0} = -z_{j_0} \bar{\beta}_{j_0}$, 并利用 $z_{j_0} - \bar{z}_{j_0} = 2i\mathrm{Im}(z_{j_0})$, 得到

$$\beta_j (2i\mathrm{Im} z_j + \gamma_{j_0} \bar{z}_{j_0}) = 2i\mathrm{Im}(z_{j_0}) \gamma_{j_0}. \tag{4.2.14}$$

由 (3.2.4), 知道 $c_{j_0} = iz_{j_0}|c_{j_0}|$. 因此关联系数 $C_{j_0} := c_{j_0} T(z_{j_0})^2$ 满足

$$C_{j_0} = c_{j_0} T(z_{j_0}) = iz_{j_0} |c_{j_0}| T(z_{j_0}) = iz_{j_0} |C_{j_0}|.$$

进一步利用上述关系, 方程 (4.2.14) 可以写为

$$\beta_j \left(1 + \frac{|C_{j_0}| e^{-2\varphi'}}{2\mathrm{Im} z_j} \right) = 2i\mathrm{Im}(z_{j_0}) \frac{|C_{j_0}| e^{-2\varphi'}}{2\mathrm{Im} z_j}. \tag{4.2.15}$$

取 φ 满足

$$\frac{|C_{j_0}| e^{-2\varphi'}}{2\mathrm{Im} z_j} = e^{-2\varphi},$$

由 (4.2.15) 解出

$$\beta_{j_0} = \frac{2i\mathrm{Im}(z_{j_0}) z_{j_0} e^{-2\varphi_{j_0}}}{1 + e^{-2\varphi_{j_0}}} = i\mathrm{Im}(z_{j_0}) z_{j_0} (1 - \tanh \varphi_{j_0}),$$

其中

$$\varphi_{j_0} = \varphi' + \frac{1}{2} \log \frac{|C_{j_0}|}{2\mathrm{Im} z_j} = \mathrm{Im}(z_{j_0})[x - 2\mathrm{Re}(z_{j_0})t - x_{j_0}],$$

而 x_{j_0} 由 (4.2.9) 给出.

离散谱 z_{j_0} 对应的单孤子解为

$$\mathrm{sol}(z_{j_0}; x - x_{j_0}, t) = 1 + \beta_{j_0} = -iz_{j_0}[i\mathrm{Re}(z_{j_0}) + \mathrm{Im}(z_{j_0}) \tanh \varphi_{j_0}].$$

▶ 可类似证明, 对于 $j_0 \in \Delta \cap \Lambda$, 上述 RHP 4.2.2 具有如下形式解

$$m^{\Lambda}(z) = I + \frac{\sigma_1}{z} + \frac{1}{z - \bar{z}_{j_0}} \begin{pmatrix} \alpha_{j_0} & 0 \\ \beta_{j_0} & 0 \end{pmatrix} + \frac{1}{z - z_{j_0}} \begin{pmatrix} 0 & \bar{\beta}_{j_0} \\ 0 & \bar{\alpha}_{j_0} \end{pmatrix}, \tag{4.2.16}$$

并可以得到

$$\beta_{j_0} = -\frac{2i\bar{z}_{j_0}\mathrm{Im}(z_{j_0})e^{2\varphi_{j_0}}}{1 + e^{2\varphi_{j_0}}} = -i\bar{z}_{j_0}\mathrm{Im}(z_{j_0})(1 + \tanh\varphi_{j_0}),$$

离散谱 z_{j_0} 对应的单孤子解为

$$\mathrm{sol}(z_{j_0}; x - x_{j_0}, t) = 1 + \beta_{j_0} = -i\bar{z}_{j_0}[i\mathrm{Re}(z_{j_0}) + \mathrm{Im}(z_{j_0})\tanh\varphi_{j_0}]. \qquad \square$$

4.2.2 误差估计——小范数 RH 问题

命题 4.2.3　对于 $\mathrm{Re}\, z_k \neq \xi$, 有

$$||v^{(2)} - I||_{L^p(\Sigma^{(2)})} \leqslant ce^{-2\rho^2 t}, \quad 1 \leqslant p \leqslant \infty. \tag{4.2.17}$$

证明　在 $|z - z_j| = \rho,\ j \in \nabla \setminus \Lambda$ 上,

$$\begin{aligned} ||v^{(2)} - I||_{L^\infty(\Sigma^{(2)})} &= \left| -\frac{c_j}{z - z_j} T^2(z) e^{2it\theta(z_j)} \right| \\ &\leqslant ce^{-4t\mathrm{Im}z_k(\xi - \mathrm{Re}z_k)} \leqslant ce^{-2\rho^2 t}. \end{aligned} \tag{4.2.18}$$

其余类似证明. $\square$

定义

$$m^{\mathrm{err}}(z) = m^{\mathrm{sol}}(z) m^{\Lambda}(z)^{-1},$$

则 $m^{\mathrm{err}}(z)$ 满足 RH 问题:

RHP 4.2.3　寻找 $m^{\mathrm{err}}(z) = m^{\mathrm{err}}(z; x, t)$, 满足

▶ 解析性: $m^{\mathrm{err}}(z)$ 在 $\mathbb{C} \setminus \Sigma^{(2)}$ 上解析;

▶ 渐近性: $m^{\mathrm{err}}(z) \longrightarrow I, z \to \infty$;

▶ 跳跃条件: $m_+^{\mathrm{err}}(z) = m_-^{\mathrm{err}}(z) v^{\mathrm{err}}(z), z \in \Sigma^{(2)}$, 见图 4.6,

其中跳跃矩阵

$$v^{\mathrm{err}}(z) = m^{\Lambda}(z) v^{(2)}(z) m^{\Lambda}(z)^{-1}.$$

命题 4.2.4

$$||v^{\mathrm{err}} - I||_{L^p(\Sigma^{(2)})} \leqslant ce^{-4t\rho^2}, \quad 1 \leqslant p \leqslant \infty. \tag{4.2.19}$$

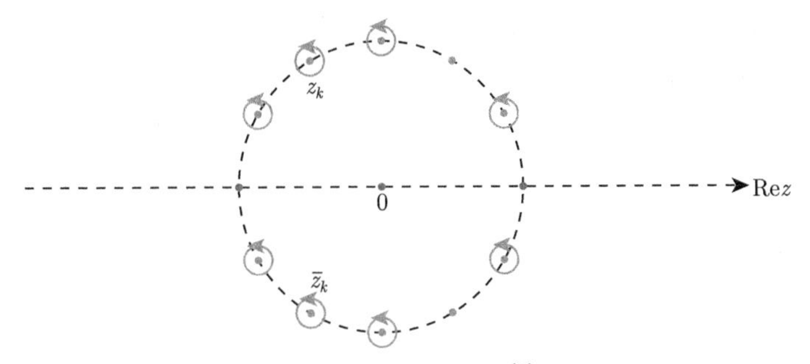

图 4.6 m^{err} 的跳跃路径 $\Sigma^{(2)}$(小圆周)

证明 对于 $z \in \Sigma^{(2)}$, 利用 (4.2.17), 以及 $m_{j_0}(z)$ 有界性, 可得到

$$|v^{\text{err}}(z) - I| = \left|m_{j_0}(z)(v^{(2)}(z) - I)m_{j_0}(z)^{-1}\right| \leqslant c|v^{(2)}(z) - I| \leqslant ce^{-2\rho^2 t}. \tag{4.2.20}$$

根据 Beal-Coifman 定理构造上述 RH 问题的解, 考虑跳跃矩阵 v^{err} 的平凡的分解

$$v^{\text{err}} = (b_-)^{-1}b_+, \quad b_- = I, \quad b_+ = v^{\text{err}},$$

从而有

$$(\omega_e)_- = I - b_- = 0, \quad (\omega_e)_+ = b_+ - I = v^{\text{err}} - I,$$

$$\omega_e = (\omega_e)_+ + (\omega_e)_- = v^{\text{err}} - I.$$

$$C_{\omega_e} f = C_-(f(\omega_e)_+) + C_+(f(\omega_e)_-) = C_-(f(v^{\text{err}} - I)), \tag{4.2.21}$$

其中 C_- 为 Cauchy 投影算子, 定义如下

$$C_- f(z) = \lim_{z' \to z \in \Sigma^{(2)}} \frac{1}{2\pi i} \int_{\Sigma^{(2)}} \frac{f(s)}{s - z'} ds, \tag{4.2.22}$$

并且 $||C_-||_{L^2}$ 有界. 则上述 RH 问题的解可表示为

$$m^{\text{err}}(z) = I + \frac{1}{2\pi i} \int_{\Sigma^{(2)}} \frac{\mu_e(s)(v^{\text{err}}(s) - I)}{s - z} ds, \tag{4.2.23}$$

其中 $\mu_e(z) \in L^2(\Sigma^{(2)})$ 满足

$$(1 - C_{\omega_e})\mu_e(z) = I. \tag{4.2.24}$$

利用 (4.2.20) 和 (4.2.21), 可知

$$||C_{\omega_e}||_{L^2(\Sigma^{(2)})} \leqslant ||C_-||_{L^2(\Sigma^{(2)})} ||v^{\text{err}}(z) - I||_{L^\infty(\Sigma^{(2)})} \leqslant ce^{-2\rho^2 t}, \tag{4.2.25}$$

因此, 预解算子 $(1 - C_{\omega_e})^{-1}$ 存在, 从而 μ_e 和 RH 问题的解 $m^{\text{err}}(z)$ 存在. □

命题 4.2.5 设 $\xi = x/(2t)$, $m^{\mathrm{sol}}(z)$ 为 RHP 4.2.1 的解, 则对锥 $\{(x,t): |x/t| < 2\}$ 内的任何 (x,t), 当 $t \gg 1$ 时, 对 $z \in \mathbb{C}$, 有一致估计

$$m^{\mathrm{sol}}(z) = m^{\Lambda}(z)\left[I + \mathcal{O}(e^{-2\rho^2 t})\right], \quad t \to \infty.$$

特别对充分大的 z, 具有渐近展开

$$m^{\mathrm{sol}}(z) = m^{\Lambda}(z)\left[I + z^{-1}\mathcal{O}(e^{-2\rho^2 t}) + \mathcal{O}(z^{-2})\right], \tag{4.2.26}$$

其中 $m^{\Lambda}(z)$ 为 RHP 4.2.2 的唯一解. 进一步 NLS 之间联系

$$q^{\mathrm{sol},N}(x,t) = q^{\Lambda}(x,t) + \mathcal{O}(e^{-2\rho^2 t}), \tag{4.2.27}$$

其中

$$q^{\mathrm{sol},N}(x,t) = \lim_{z\to\infty}(zm^{\mathrm{sol}}(z))_{21}, \quad q^{\Lambda}(x,t) = \lim_{z\to\infty}(zm^{\Lambda}(z))_{21}.$$

证明 由 (4.2.23),

$$m^{\mathrm{err}}(z) - I = \frac{1}{2\pi i}\int_{\Sigma^{(2)}} \frac{v^{\mathrm{err}}(s) - I}{s - z}ds + \frac{1}{2\pi i}\int_{\Sigma^{(2)}} \frac{(\mu_e(s) - I)(v^{\mathrm{err}}(s) - I)}{s - z}ds,$$

进一步可给出估计

$$\begin{aligned}|m^{\mathrm{err}}(z) - I| \leqslant{}& \|v^{\mathrm{err}}(s) - I\|_{L^2(\Sigma^{(2)})}\left\|\frac{1}{s-z}\right\|_{L^2(\Sigma^{(2)})} \\ &+ \|v^{\mathrm{err}}(s) - I\|_{L^\infty(\Sigma^{(2)})}\|\mu_e(s) - I\|_{L^2(\Sigma^{(2)})}\left\|\frac{1}{s-z}\right\|_{L^2(\Sigma^{(2)})} \leqslant ce^{-2\rho^2 t}.\end{aligned} \tag{4.2.28}$$

因此

$$m^{\mathrm{sol}}(z) = \left[I + \frac{1}{2\pi i}\int_{\Sigma^{(2)}} \frac{\mu_e(s)(v^{\mathrm{err}}(s) - I)}{s - z}ds\right] m^{\Lambda}(z) = m^{\Lambda}(z)\left[I + \mathcal{O}(e^{-2\rho^2 t})\right],$$

考虑 $z \to \infty$ 时, $m^{\mathrm{err}}(z)$ 的渐近展开

$$m^{\mathrm{err}}(z) = I + z^{-1}m_1^{\mathrm{err}} + \mathcal{O}(z^{-2}), \tag{4.2.29}$$

其中

$$\begin{aligned}m_1^{\mathrm{err}} &= -\frac{1}{2\pi i}\int_{\Sigma^{(2)}} \mu_e(s)(v^{\mathrm{err}}(s) - I)ds \\ &= -\frac{1}{2\pi i}\int_{\Sigma^{(2)}} (v^{\mathrm{err}}(s) - I)ds - \frac{1}{2\pi i}\int_{\Sigma^{(2)}} (\mu_e(s) - I)(v^{\mathrm{err}}(s) - I)ds,\end{aligned}$$

由此得到估计

$$|m_1^{\mathrm{err}}| \leqslant \| v^{\mathrm{err}}(s) - I \|_{L^1} + \| \mu_e(s) - I \|_{L^2} \| v^{\mathrm{err}}(s) - I \|_{L^2} \leqslant ce^{-2\rho^2 t}. \quad (4.2.30)$$

□

4.3 纯 $\bar{\partial}$-问题及其渐近性

定义变换

$$m^{(3)}(z) = m^{(2)}(z) m^{\mathrm{sol}}(z)^{-1}, \quad (4.3.1)$$

则 $m^{(3)}(z)$ 在 $\mathbb{C}$ 内连续且没有跳跃, 因此我们获得一个纯 $\bar{\partial}$-问题.

RHP 4.3.1 寻找矩阵函数 $m^{(3)}(z)$ 满足

▶ 连续性: $m^{(3)}(z)$ 在复平面 $\mathbb{C}$ 内连续;

▶ 渐近性: $m^{(3)}(z) \sim I, z \to \infty$;

▶ $\bar{\partial}$-导数: $\bar{\partial} m^{(3)}(z) = m^{(3)}(z) W^{(3)}(z), z \in \mathbb{C}$,

其中 $W^{(3)}(z) = m^{\mathrm{sol}}(z) \bar{\partial} R^{(2)} m^{\mathrm{sol}}(z)^{-1}$.

证明 首先说明 $m^{(3)}(z)$ 没跳跃: 由 (4.1.2), (4.2.1), (4.3.1), 可知在 $\Sigma^{(2)}$ 上,

$$\begin{aligned}(m_-^{(3)})^{-1}(z) m_+^{(3)}(z) &= m_-^{\mathrm{sol}} (m_-^{(2)})^{-1} m_+^{(2)} (m_+^{\mathrm{sol}})^{-1} \\ &= m_-^{\mathrm{sol}} v^{(2)} (m_+^{\mathrm{sol}})^{-1} = I.\end{aligned}$$

其次说明 $m^{(3)}(z)$ 没极点:

(1) 在 $z=0$ 没有奇性. 将逆矩阵表示为

$$(m^{\mathrm{sol}}(z))^{-1} = (1 - z^{-2})^{-1} \sigma_2 (m^{\mathrm{sol}}(z))^{\mathrm{T}} \sigma_2, \quad (4.3.2)$$

则

$$\lim_{z\to 0} m^{(3)}(z) = \lim_{z\to 0} \frac{(z m^{(2)}(z)) \sigma_2 (z m^{\mathrm{sol}}(z)^{\mathrm{T}}) \sigma_2}{z^2 - 1} = -(\sigma_1 \sigma_2)^2 = I. \quad (4.3.3)$$

因此 $m^{(3)}(z)$ 在 $z=0$ 没有奇性.

(2) 在 $z = \pm 1$ 没有奇性. 由于 $m^{(2)}(z)$ 在 $z = \pm 1$ 处连续, 因此

$$m^{(2)}(z) = \begin{pmatrix} m_{11}^{(2)}(\pm 1) & m_{12}^{(2)}(\pm 1) \\ m_{21}^{(2)}(\pm 1) & m_{22}^{(2)}(\pm 1) \end{pmatrix} + \mathcal{O}(z \mp 1). \quad (4.3.4)$$

再由对称性 $m^{(2)}(z) = \sigma_1 \overline{m^{(2)}(\bar{z})} \sigma_1 = z^{-1} m^{(2)}(z^{-1}) \sigma_1$, 可推出

$$m_{12}^{(2)}(\pm 1) = \pm m_{11}^{(2)}(\pm 1), \quad m_{21}^{(2)}(\pm 1) = \overline{m_{12}^{(2)}(\pm 1)}, \quad m_{22}^{(2)}(\pm 1) = \overline{m_{11}^{(2)}(\pm 1)}.$$

简记 $m_{11}^{(2)}(\pm 1)=c$, 则 (4.3.4) 改写为

$$m^{(2)}(z)=\begin{pmatrix} c & \pm c \\ \pm\bar{c} & \bar{c} \end{pmatrix}+\mathcal{O}(z\mp 1). \tag{4.3.5}$$

由 (4.3.2) 可知, $z=\pm 1$ 为 $(m^{\rm sol}(z))^{-1}$ 的 1 阶极点, 右边展开得到, 并利用 $m^{\rm sol}(z)$ 的对称性,

$$\begin{aligned}(m^{\rm sol}(z))^{-1}&=\frac{\pm 1}{2(z\mp 1)}\sigma_2\begin{pmatrix} \gamma & \pm\bar{\gamma} \\ \pm\gamma & \bar{\gamma} \end{pmatrix}\sigma_2+\mathcal{O}(1)\\ &=\frac{\pm 1}{2(z\mp 1)}\begin{pmatrix} \bar{\gamma} & \mp\gamma \\ \mp\bar{\gamma} & \gamma \end{pmatrix}+\mathcal{O}(1).\end{aligned} \tag{4.3.6}$$

利用 (4.3.5) 和 (4.3.6), 直接计算有

$$m^{(3)}(z)=m^{(2)}(z)m^{\rm sol}(z)^{-1}=\mathcal{O}(1),\quad z\to\pm 1.$$

因此 $m^{(3)}(z)$ 在 $z=\pm 1$ 没有奇性.

(3) 在 $z=z_{j_0}$ 没有奇性. 对于 $j_0\in\nabla\cap\Lambda$, 直接计算留数

$$\operatorname*{Res}_{z=z_{j_0}} m^{(2)}(z)=(\gamma_{j_0}m_2^{(2)}(z_{j_0}),0)=\lim_{z\to z_{j_0}}(m^{(2)}(z)\mathcal{N}_{j_0}), \tag{4.3.7}$$

其中

$$\gamma_{j_0}=c_{j_0}T(z_{j_0})^2e^{2it\theta(z_{j_0})},\quad \mathcal{N}_{j_0}=\begin{pmatrix} 0 & 0 \\ \gamma_{j_0} & 0 \end{pmatrix}. \tag{4.3.8}$$

可以验证 $\mathcal{N}_{j_0}$ 为幂零矩阵, 满足 $\mathcal{N}_{j_0}^2=0$.

由于 $z=z_{j_0}$ 为 $m^{(2)}(z)$ 的一阶极点, $m^{(2)}(z)$ 的 Laurent 展开具有形式

$$m^{(2)}(z)=\frac{\operatorname*{Res}_{z=z_{j_0}} m^{(2)}}{z-z_{j_0}}+a(z_{j_0})+\mathcal{O}(z-z_{j_0}). \tag{4.3.9}$$

注意到

$$\frac{\operatorname*{Res}_{z=z_{j_0}} m^{(2)}}{z-z_{j_0}}\times\mathcal{N}_{j_0}=\left(\frac{\gamma_{j_0}m_2^{(2)}(z_{j_0})}{z-z_{j_0}},0\right)\begin{pmatrix} 0 & 0 \\ \gamma_{j_0} & 0 \end{pmatrix}=0, \tag{4.3.10}$$

将展开式 (4.3.9) 代入 (4.3.7), 可得到

$$\operatorname*{Res}_{z=z_{j_0}} m^{(2)} = \lim_{z\to z_{j_0}} \{[a(z_{j_0}) + \mathcal{O}(z - z_{j_0})]\mathcal{N}_{j_0}\} = a(z_{j_0})\mathcal{N}_{j_0}. \tag{4.3.11}$$

再将上式代回展开式 (4.3.9), 便有

$$m^{(2)}(z) = a(z_{j_0})\left[I + \frac{\mathcal{N}_k}{z - z_{j_0}}\right] + \mathcal{O}(z - z_{j_0}).$$

由于 $m^{(2)}(z)$ 和 $m^{\mathrm{sol}}(z)$ 具有相同的留数条件, 并且

$$\det m^{(2)}(z) = \det m^{\mathrm{sol}}(z) = 1 - z^{-2}.$$

直接计算得到

$$m^{\mathrm{sol}}(z)^{-1} = \frac{z^2}{z^2-1}\sigma_2 m^{\mathrm{sol}}(z)^{\mathrm{T}}\sigma_2 = \frac{z_{j_0}^2}{z_{j_0}^2-1}\left[I - \frac{\mathcal{N}_{j_0}}{z-z_{j_0}}\right]\sigma_2 a(z_{j_0})^{\mathrm{T}}\sigma_2 + \mathcal{O}(z-z_{j_0}).$$

因此

$$\begin{aligned}
&m^{(2)}(z)m^{\mathrm{sol}}(z)^{-1}\\
&= \frac{z_{j_0}^2}{z_{j_0}^2-1}\left[a(z_{j_0})\left[I+\frac{\mathcal{N}_{j_0}}{z-z_{j_0}}\right]+\mathcal{O}(z-z_{j_0})\right]\left\{\left[I-\frac{\mathcal{N}_{j_0}}{z-z_{j_0}}\right]\sigma_2 a(z_{j_0})^{\mathrm{T}}\sigma_2+\mathcal{O}(z-z_{j_0})\right\}\\
&= \frac{z_{j_0}^2}{z_{j_0}^2-1}a(z_{j_0})\left[I + \frac{\mathcal{N}_{j_0}}{z - z_{j_0}}\right]\left[I - \frac{\mathcal{N}_{j_0}}{z - z_{j_0}}\right]\sigma_2 a(z_{j_0})^{\mathrm{T}}\sigma_2 + \mathcal{O}(1).
\end{aligned}$$

注意幂零性质 $\mathcal{N}_{j_0}^2 = 0$, 则有

$$m^{(2)}(z)m^{\mathrm{sol}}(z)^{-1} = \mathcal{O}(1).$$

因此 z_{j_0} 为 $m^{(3)}$ 的可去极点.

$$\begin{aligned}
\bar{\partial}m^{(3)} &= \bar{\partial}m^{(2)}m^{\mathrm{sol}}(z)^{-1} = m^{(2)}\bar{\partial}R^{(2)}m^{\mathrm{sol}}(z)^{-1}\\
&= [m^{(2)}{m^{\mathrm{sol}}}^{-1}][m^{\mathrm{sol}}\bar{\partial}R^{(2)}{m^{\mathrm{sol}}}^{-1}] = m^{(3)}(z)W^{(3)},
\end{aligned}$$

其中 $W^{(3)} = m^{\mathrm{sol}}\bar{\partial}R^{(2)}{m^{\mathrm{sol}}}^{-1}$. □

纯 $\bar{\partial}$-问题 4.3.1 的解可用下列积分方程给出

$$m^{(3)}(z) = I - \frac{1}{\pi}\iint_{\mathbb{C}} \frac{m^{(3)}W^{(3)}}{s - z}dA(s), \tag{4.3.12}$$

其中 $dA(s)$ 为实平面上的 Lebesgue 测度. 方程 (4.3.12) 也可用算子方程表示

$$(I-J)m^{(3)}(z)=I \Longleftrightarrow m^{(3)}(z)=I+Jm^{(3)}(z), \tag{4.3.13}$$

其中 J 为 Cauchy 算子

$$Jf(z)=-\frac{1}{\pi}\iint_{\mathbb{C}}\frac{f(s)W^{(3)}(s)}{s-z}dA(s)=\frac{1}{\pi z}*f(z)W^{(3)}(z). \tag{4.3.14}$$

我们证明当 t 充分大时, 上述算子 J 是小范数.

命题 4.3.1 Cauchy 积分算子 $J:L^\infty(\mathbb{C})\to L^\infty(\mathbb{C})\cap C^0(\mathbb{C})$, 对充分大的 t, 算子 J 为小范数, 并且

$$||J||_{L^\infty\to L^\infty}\leqslant ct^{-1/2}. \tag{4.3.15}$$

因此 $(1-J)^{-1}$ 存在, 从而算子方程 (4.3.13) 有解, 并且在分布意义成立.

证明 为证明 (4.3.15), 只需证明对 $f\in L^\infty(\Omega_1)$,

$$||Jf||_{L^\infty(\mathbb{C})}\leqslant ct^{-1/2}||f||_{L^\infty(\mathbb{C})}.$$

这里仅对 $f(z)\in\Omega_1$ 进行证明, 由 (4.3.14),

$$|Jf(z)|\leqslant c||f||_{L^\infty(\mathbb{C})}\iint_{\mathbb{C}}\frac{|W^{(3)}(s)|}{|s-z|}dA(s), \tag{4.3.16}$$

其中

$$|W^{(3)}(s)|\leqslant|m^{\mathrm{sol}}(s)|^2|1-s^{-2}|^{-1}|\bar{\partial}R^{(2)}(s)|.$$

而在 Ω_1 中, 由 (4.2.26),

$$\begin{aligned}|m^{\mathrm{sol}}(s)|&\leqslant c(1+|s|^{-1})=c\sqrt{(1+|s|^{-1})^2}\leqslant c\sqrt{1+|s|^{-2}}\\&=c|s|^{-1}\sqrt{1+|s|^2}=c|s|^{-1}\langle s\rangle,\\\frac{\langle s\rangle}{|1+s|}&\leqslant\frac{\sqrt{1+|s|^2}}{|1+s|}=\mathcal{O}(1).\end{aligned} \tag{4.3.17}$$

因此

$$|W^{(3)}(s)|\leqslant c_1\langle s\rangle|s-1|^{-1}|\bar{\partial}R_1(s)|e^{-\mathrm{Re}(2it\theta)}. \tag{4.3.18}$$

利用上述估计, 得到

$$|Jf(z)|\leqslant c\iint_{\Omega_1}\frac{\langle s\rangle|\bar{\partial}R_1|e^{-\mathrm{Re}(2it\theta)}}{|s-z||s-1|}dA(s)\leqslant c(I_1+I_2+I_3), \tag{4.3.19}$$

其中

$$I_1=\iint_{\Omega_1}\frac{\langle s\rangle|\bar{\partial}R_1|e^{-\mathrm{Re}(2it\theta)}\chi_{[0,1)}(|s|)}{|s-z||s-1|}dA(s),$$

$$I_2=\iint_{\Omega_1}\frac{\langle s\rangle|\bar{\partial}R_1|e^{-\mathrm{Re}(2it\theta)}\chi_{[1,2)}(|s|)}{|s-z||s-1|}dA(s),$$

$$I_3=\iint_{\Omega_1}\frac{\langle s\rangle|\bar{\partial}R_1|e^{-\mathrm{Re}(2it\theta)}\chi_{[2,\infty)}(|s|)}{|s-z||s-1|}dA(s).$$

这里 $\chi_{[0,1)}(|s|)+\chi_{[1,2)}(|s|)+\chi_{[2,\infty)}(|s|)$ 为插入的单位分解.

由于 $|s|\geqslant 2$, 有 $\langle s\rangle|s-1|^{-1}\leqslant\kappa$, 并由 (4.1.34), 只需证

$$I_3\leqslant\kappa\iint_{\Omega_1}\frac{(c_1|s|^{-1/2}+c_1|r'(|s|)|+c_1\varphi(|s|))e^{-\mathrm{Re}(2it\theta)}\chi_{[1,\infty)}(|s|)}{|s-z|}dA(s)\leqslant ct^{-1/2}.\tag{4.3.20}$$

记 $s=u+iv$, 对于 $\xi_0\in(0,1)$, $|\xi|\leqslant\xi_0$, 由命题 4.1.2,

$$|\mathrm{Re}(2it\theta(s))|\geqslant\frac{1}{4}t(1-\xi_0)(|s|+|s|^{-1})^2\sin 2\alpha\geqslant ctuv.$$

设 $z=z_R+iz_I$, $1/q+1/p=1$, $p>2$. 对于 $|s|\geqslant 1$, 由命题 4.1.2, $\mathrm{Re}(2it\theta(s))\geqslant ctuv>c'tv$. 对于 (4.3.20) 中涉及 $f(|s|)=r'(|z|)$ (或者 $f(|s|)=\varphi(|z|)$) 的积分,

$$\begin{aligned}I_{31}&\doteq\int_0^\infty e^{-c'tv}dv\int_v^\infty\frac{|f(|s|)|\chi_{[2,\infty)}(|s|)}{|s-z|}du\\&\leqslant\int_0^\infty e^{-c'tv}\|f(|s|)\|_{L^2(v,\infty)}\left\|\frac{\chi_{[2,\infty)}(|s|)}{s-z}\right\|_{L^2(v,\infty)}dv.\end{aligned}\tag{4.3.21}$$

而

$$\begin{aligned}\left\|\frac{\chi_{[2,\infty)}(|s|)}{s-z}\right\|^2_{L^2(v,\infty)}&\leqslant\int_v^\infty\frac{1}{|s-z|^2}du\leqslant\int_{-\infty}^\infty\frac{1}{(u-z_R)^2+(v-z_I)^2}du\\&=\frac{1}{|v-z_I|}\int_{-\infty}^\infty\frac{1}{1+y^2}dy=\frac{\pi}{|v-z_I|},\end{aligned}\tag{4.3.22}$$

其中 $y=\dfrac{u-z_R}{v-z_I}$.

$$\|f(|s|)\|^2_{L^2(v,\infty)}=\int_v^\infty\left|f(\sqrt{u^2+v^2})\right|^2du=\int_{\sqrt{2}v}^\infty\left|f(\tau)\right|^2\frac{\sqrt{u^2+v^2}}{u}d\tau$$

$$\leqslant \sqrt{2}\int_{\sqrt{2}v}^{\infty}\left|f(\tau)\right|^2 d\tau \leqslant \|f(s)\|_{L^2(\mathbb{R})}^2. \tag{4.3.23}$$

利用 (4.3.22)-(4.3.23), 直接计算得到

$$\begin{aligned} I_{31} &\leqslant c\|f\|_{L^2(\mathbb{R})}\int_0^{\infty} e^{-c'tv}|v-z_I|^{-1/2}dv \\ &= c\|f\|_{L^2(\mathbb{R})}\left[\int_0^{z_I}\frac{e^{-c'tv}}{\sqrt{z_I-v}}dv+\int_{z_I}^{\infty}\frac{e^{-c'tv}}{\sqrt{v-z_I}}dv\right]. \end{aligned} \tag{4.3.24}$$

利用不等式 $\sqrt{z_I}e^{-c'tz_Iw}=t^{-1/2}w^{-1/2}(t^{1/2}z_I^{1/2}w^{1/2}e^{-c'tz_Iw})\leqslant ct^{-1/2}w^{-1/2}$, 可得到

$$\int_0^{z_I}\frac{e^{-c'tv}}{\sqrt{z_I-v}}dv=\int_0^1\frac{\sqrt{z_I}e^{-c'tz_Iw}}{\sqrt{1-w}}dw\leqslant ct^{-1/2}\int_0^1\frac{1}{\sqrt{w(1-w)}}dw\leqslant c_1t^{-1/2}. \tag{4.3.25}$$

而

$$\int_{z_I}^{\infty}\frac{e^{-c'tv}}{\sqrt{v-z_I}}dv\leqslant\int_0^{\infty}\frac{e^{-c'tw}}{\sqrt{w}}dw=t^{-1/2}\int_0^{\infty}\frac{e^{-c'\lambda}}{\sqrt{\lambda}}dw\leqslant ct^{-1/2}. \tag{4.3.26}$$

将上述两个估计代入 (4.3.24), 得到

$$I_{31}\leqslant ct^{-1/2}\|f\|_{L^2(\mathbb{R})}. \tag{4.3.27}$$

再估计 (4.3.20) 中涉及 $f(|s|)=|s|^{-1/2}$ 的积分,

$$\begin{aligned} I_{32} &\doteq \int_0^{\infty} e^{-c'tv}dv\int_v^{\infty}\frac{\chi_{[2,\infty)}(|s|)|s|^{-1/2}}{|s-z|}du \\ &\leqslant \int_0^{\infty} e^{-c'tv}\||s|^{-1/2}\|_{L^p(v,\infty)}\left\||s-z|^{-1}\right\|_{L^q(v,\infty)}dv. \end{aligned} \tag{4.3.28}$$

为估计 I_{32}, 考虑如下 L^p 估计 $(p>2)$.

$$\begin{aligned} \||s|^{-1/2}\|_{L^p(v,\infty)} &= \left(\int_v^{\infty}\frac{1}{|u+iv|^{p/2}}du\right)^{1/p} = \left(\int_v^{\infty}\frac{1}{(u^2+v^2)^{p/4}}du\right)^{1/p} \\ &= v^{1/p-1/2}\left(\int_1^{\infty}\frac{1}{(1+x^2)^{p/4}}dx\right)^{1/p}\leqslant cv^{1/p-1/2}. \end{aligned} \tag{4.3.29}$$

类似于上面 L^p 估计, 可以证明

$$\left\||s-z|^{-1}\right\|_{L^q(v,\infty)}\leqslant c|v-z_I|^{1/q-1},\quad 1/p+1/q=1.$$

利用上述两个估计, (4.3.28) 化为

$$I_{32} \leqslant c\left[\int_0^{z_I} e^{-c'tv}v^{1/p-1/2}|v-z_I|^{1/q-1}dv + \int_{z_I}^{\infty} e^{-c'tv}v^{1/p-1/2}|v-z_I|^{1/q-1}dv\right]. \tag{4.3.30}$$

第一个积分

$$\int_0^{z_I} e^{-c'tv}v^{1/p-1/2}|v-z_I|^{1/q-1}dv = \int_0^1 \sqrt{z_I}e^{-c'tz_Iw}w^{1/p-1/2}|1-w|^{1/q-1} \leqslant ct^{-1/2}.$$

第二个积分, 做变换 $v = z_I + w$, 得到

$$\begin{aligned}
&\int_{z_I}^{\infty} e^{-c'tv}v^{1/p-1/2}|v-z_I|^{1/q-1}dv = \int_0^{\infty} e^{-c't(z_I+w)}(z_I+w)^{1/p-1/2}w^{1/q-1}dw \\
&\leqslant \int_0^{\infty} e^{-c'tw}w^{1/p-1/2}w^{1/q-1}dw = \int_0^{\infty} e^{-c'tw}w^{-1/2}dw \\
&= t^{-1/2}\int_0^{\infty} y^{-1/2}e^{-y}dy \leqslant ct^{-1/2}.
\end{aligned} \tag{4.3.31}$$

将上述两个估计代回 (4.3.30), 得到

$$I_{32} \leqslant ct^{-1/2}. \tag{4.3.32}$$

最后, 综合 (4.3.27) 和 (4.3.32), 证明了 (4.3.20).

如下估计 I_2: $|s| \leqslant 2$, 由 $|\bar{\partial}R^{(2)}| \leqslant c_1|s-1|$, $\langle s\rangle \leqslant \sqrt{5}$, 可得到

$$I_2 \leqslant \sqrt{5}c_1 \iint_{\Omega_1} \frac{e^{-\mathrm{Re}(2it\theta)}\chi_{[1,2)}(|s|)}{|s-z|}dA(s), \tag{4.3.33}$$

该不等式相当于不等式 (4.3.21) 中, 取 $f(|s|) = \chi_{[1,2)}(|s|)$, 因此有

$$I_2 \leqslant ct^{-1/2}. \tag{4.3.34}$$

由 (4.3.20) 和 (4.3.34), 推知

$$\iint_{\Omega_1} \frac{\langle s\rangle|\bar{\partial}R_1|e^{-\mathrm{Re}(2it\theta)}\chi_{[1,\infty)}(|s|)}{|s-z||s-1|}dA(s) \leqslant ct^{-1/2}.$$

最后, 证明 I_1 的估计:

$$I_1 = \iint_{\Omega_1} \frac{\langle s\rangle|\bar{\partial}R_1|e^{-\mathrm{Re}(2it\theta)}\chi_{[0,1)}(|s|)}{|s-z||s-1|}dA(s) \leqslant ct^{-1/2}, \tag{4.3.35}$$

做变换 $w=\overline{1/z},\ \ \tau=\overline{1/s}$, 则

$$dA(s)=|\tau|^{-4}dA(\tau),\quad \theta(\overline{1/\tau})=-\overline{\theta(\tau)},\ R_1(\overline{1/\tau})=\overline{R_1(\tau)}.$$

则

$$\begin{aligned}I_1&=\iint_{\Omega_1}\frac{|\partial_\tau\overline{R_1}|e^{-\mathrm{Re}(2it\theta(|\tau|))\chi_{[1,\infty)}(|\tau|)}}{|\tau^{-1}-w^{-1}||\tau^{-1}-1||\tau|^4}\left|\frac{\partial\tau}{\partial\bar{s}}\right|dA(\tau)\\&=|w|\iint_{\Omega_1}\frac{|\bar\partial R_1|e^{-\mathrm{Re}(2it\theta(|\tau|))\chi_{[1,\infty)}(|\tau|)}}{|\tau-w||\tau-1|}dA(\tau).\end{aligned}\tag{4.3.36}$$

如果 $|w|\leqslant 3$, 类似类型 (4.3.33) 的估计; 如果 $|w|\geqslant 3$, 上式化为

$$\begin{aligned}I_1\leqslant{}&3\iint_{|\tau|\geqslant|w|/2}\frac{|\bar\partial R_1|e^{-\mathrm{Re}(2it\theta(|\tau|))}\chi_{[0,1)}(|s|)}{|\tau-w||\tau-1|}dA(\tau)\\&+2\iint_{1\leqslant|\tau|\leqslant|w|/2}\frac{|\bar\partial R_1|e^{-\mathrm{Re}(2it\theta(|\tau|))}\chi_{[0,1)}(|s|)}{|\tau-1|}dA(\tau).\end{aligned}$$

类似于前面 (4.3.21), 得到估计 (4.3.35).

下面证明算子方程 (4.3.13) 在分布意义成立. 事实上, 对检验函数 $\phi(z)\in C_0^\infty(\mathbb{C})$, 考虑平凡的微分方程

$$\bar\partial\phi(z)=f(z).\tag{4.3.37}$$

由于 $\dfrac{1}{\pi z}$ 为方程 (4.3.37) 的 Green 函数, 即 $\bar\partial\left(\dfrac{1}{\pi z}\right)=\delta(z)$, 因此 (4.3.37) 的解为

$$\phi(z)=\frac{1}{\pi z}*f(z)=\frac{1}{\pi}\iint_{\mathbb{C}}\frac{f(w)}{z-w}dA(w).$$

特别取 $f(z)=\bar\partial\phi(z)$, 得到

$$\phi(z)=\frac{1}{\pi}\iint_{\mathbb{C}}\frac{\bar\partial\phi(w)}{z-w}dA(w).$$

因此, 利用 (4.3.1), (4.3.14),

$$\begin{aligned}&\iint_{\mathbb{C}}\bar\partial m^{(3)}(w)\phi(w)dA(w)=\iint_{\mathbb{C}}m^{(3)}(w)W^{(3)}(w)\phi(w)dA(w)\\&=\iint_{\mathbb{C}}m^{(3)}(w)W^{(3)}(w)\left[\frac{1}{\pi}\iint_{\mathbb{C}}\frac{\bar\partial\phi(z)}{w-z}dA(z)\right]dA(w)\end{aligned}$$

$$
\begin{aligned}
&= -\iint_{\mathbb{C}} \bar{\partial}\phi(z)\left[-\frac{1}{\pi}\iint_{\mathbb{C}} \frac{m^{(3)}(w)W^{(3)}(w)}{w-z}dA(w)\right]dA(z) \\
&= -\iint_{\mathbb{C}} Jm^{(3)}(z)\bar{\partial}\phi(z)dA(z) \\
&= -\iint_{\mathbb{C}} \bar{\partial}[Jm^{(3)}(z)\phi(z)]dA(z) + \iint_{\mathbb{C}} \bar{\partial}[Jm^{(3)}(z)]\phi(z)dA(z) \\
&= \iint_{\mathbb{C}} \bar{\partial}[Jm^{(3)}(z)]\phi(z)dA(z).
\end{aligned}
$$

上式中我们使用了

$$
\begin{aligned}
&-\iint_{\mathbb{C}} \bar{\partial}[Jm^{(3)}(z)\phi(z)]dA(z) \\
&= \frac{1}{2}\iint_{\mathbb{R}^2} \partial_x[Jm^{(3)}(z)\phi(z)]dxdy + \frac{1}{2}i\iint_{\mathbb{R}^2} \partial_y[Jm^{(3)}(z)\phi(z)]dxdy \\
&= \frac{1}{2}\int_{\mathbb{R}} Jm^{(3)}(z)\phi(z)\Big|_{-\infty}^{\infty}dy + \frac{1}{2}i\int_{\mathbb{R}} Jm^{(3)}(z)\phi(z)\Big|_{-\infty}^{\infty}dx = 0.
\end{aligned}
$$

因此在分布意义下, 有

$$
\bar{\partial}[m^{(3)}(z) - Jm^{(3)}(z)] = 0, \qquad z \in \mathbb{C}.
$$

因此 $m^{(3)}(z) - Jm^{(3)}(z)$ 为复平面 $\mathbb{C}$ 上的有界整函数, 再由 (4.3.1), 得到

$$
m^{(3)}(z) = I + Jm^{(3)}(z).
$$

□

将 $m^{(3)}(z;x,t)$ 做如下展开

$$
m^{(3)}(z;x,t) = I + \frac{m_1^{(3)}(x,t)}{z} + o(z^{-1}),
$$

其中

$$
m_1^{(3)}(x,t) = \frac{1}{\pi}\iint_{\mathbb{C}} m^{(3)}(s)W^{(3)}dA(s). \tag{4.3.38}
$$

可以证明

命题 4.3.2 存在常数 t_1 和 c, 使得对于 $t > t_1$, $|x/t| < 2$,

$$
|m_1^{(3)}(x,t)| \leqslant ct^{-1}. \tag{4.3.39}
$$

证明 命题 4.3.1 表明当时间 t 充分大时, 对固定的 $|\xi| \leqslant \xi_0$, 有 $\|m^{(3)}(z)\|_{L^\infty} \leqslant c$. 利用 (4.3.18), 由 (4.3.38) 得到

$$|m_1^{(3)}(x,t)| \leqslant c \iint_{\Omega_1} \frac{\langle s\rangle |\bar{\partial} R_1| e^{-\mathrm{Re}(2it\theta)}}{|s-1|} \leqslant c(I_1+I_2+I_3), \tag{4.3.40}$$

其中

$$\begin{aligned} I_1 &= \iint_{\Omega_1} \frac{\langle s\rangle |\bar{\partial} R_1| e^{-\mathrm{Re}(2it\theta)} \chi_{[0,1)}(|s|)}{|s-1|} dA(s), \\ I_2 &= \iint_{\Omega_1} \frac{\langle s\rangle |\bar{\partial} R_1| e^{-\mathrm{Re}(2it\theta)} \chi_{[1,2)}(|s|)}{|s-1|} dA(s), \\ I_3 &= \iint_{\Omega_1} \frac{\langle s\rangle |\bar{\partial} R_1| e^{-\mathrm{Re}(2it\theta)} \chi_{[2,\infty)}(|s|)}{|s-1|} dA(s). \end{aligned}$$

这里 $\chi_{[0,1)}(|s|)+\chi_{[1,2)}(|s|)+\chi_{[2,\infty)}(|s|)$ 为插入的单位分解.

对于 $|s| \geqslant 2$, 有 $\langle s\rangle |s-1|^{-1} = \mathcal{O}(1)$, 固定 $p>2$, $q \in (1,2)$, 并由 (4.1.34), 有

$$\begin{aligned} I_3 &\leqslant c \iint_{\Omega_1} [|r'(|s|)| + \varphi(|s|) + |z|^{-1/2}] e^{-\mathrm{Re}(2it\theta)} \chi_{[1,\infty)}(|s|) dA(s) \\ &\leqslant c \int_0^\infty \|e^{-ctuv}\|_{L^2(\max\{v,1/\sqrt{2}\},\infty)} dv \\ &\quad + c \int_0^\infty \|e^{-ctuv}\|_{L^p(\max\{v,1/\sqrt{2}\},\infty)} \||z|^{-1/2}\|_{L^q(v,\infty)} dv \\ &\leqslant c \int_0^\infty e^{-c'tv} (t^{-1/2} v^{-1/2} + t^{-1/p} v^{-1/p+1/q-1/2} dv \leqslant c(t^{-1}+t^{-1/2-1/q}) \leqslant ct^{-1}. \end{aligned} \tag{4.3.41}$$

对于 $s \in [0,2]$, 有 $\langle s\rangle \leqslant \sqrt{5}$, 利用 (4.1.35), 此时相当于 (4.3.41) 估计中的第一积分将 $|r'(|s|)|+\varphi(|s|)$ 替换为 $f=\chi_{[1,2]}(|s|)$, 因此有

$$I_2 \leqslant c \iint_{\Omega_1} e^{-\mathrm{Re}(2it\theta)} \chi_{[1,2]}(|s|) dA(s) \leqslant ct^{-1}. \tag{4.3.42}$$

对于 $s \in [0,1]$, 做变换 $w=\overline{1/z}$, $\tau=\overline{1/s}$, 则

$$dA(s) = |\tau|^{-4} dA(\tau), \qquad \theta(\overline{1/\tau}) = \overline{\theta(\tau)}, \qquad R^{(2)}(\overline{1/\tau}) = \overline{R^{(2)}(\tau)}.$$

因此, 利用 (4.3.41)-(4.3.42), 得到

$$I_1 = \iint_{\Omega_1} e^{-\mathrm{Re}(2it\theta(w))} |\bar{\partial} R_1| |w-1|^{-1} \chi_{[1,\infty)}(|w|) |w|^{-1} dA(\tau) \leqslant ct^{-1}. \tag{4.3.43}$$

综合上述估计 (4.3.41)—(4.3.43), 得到估计 (4.3.39). □

4.4 在区域 $|x/t|<2$ 中的大时间渐近性和孤子分解

4.4.1 孤子分解性质

定理4.4.1 假设初值 $q_0(x)\in\tanh x+\Sigma_4$, 相应散射数据 $\{r(z),\{z_j,c_j\}_{j=0}^{N-1}\}$, 并将离散谱点按照实部排序

$$\mathrm{Re}z_0>\mathrm{Re}z_1>\cdots>\mathrm{Re}z_{N-1}. \tag{4.4.1}$$

令 $\xi=x/(2t)$, 定义

$$\alpha(\xi)=\int_0^{\infty}\nu(s)/sds+2\sum_{k:\mathrm{Re}z_k>\xi}\arg z_k. \tag{4.4.2}$$

对固定 $\xi_0\in(0,1)$, 存在 $t_0=t_0(q_0,\xi_0)$, $c=c(q_0,\xi_0)$ 使得初值问题 (2.1.1)-(2.1.2) 的解满足

$$|q(x,t)-e^{i\alpha(\xi)}q^{\mathrm{sol},N}(x,t)|\leqslant ct^{-1},\quad t>t_0,\ |\xi|\leqslant\xi_0. \tag{4.4.3}$$

此处 $q^{\mathrm{sol},N}(x,t)$ 是对应修正散射数据 $\{\widetilde{r}=0,\{z_j,\widetilde{c}_j\}_{j=0}^{N-1}\}$ 的 N-孤子解, 其中

$$\widetilde{c}_j=c_j\exp\left(2i\int_0^{\infty}\nu(s)\left(\frac{1}{s-z_j}-\frac{1}{2s}\right)ds\right). \tag{4.4.4}$$

并且具有如下孤子分解的性质

$$q(x,t)=e^{i\alpha(1)}\left[1+\sum_{k=0}^{N-1}\left(\prod_{j<k}z_j^2\right)[\mathrm{sol}(z_k;x-x_k,t)-1]\right]+\mathcal{O}(t^{-1}), \tag{4.4.5}$$

其中 $\mathrm{sol}(z_k;x-x_k,t)$ 为对应离散谱 $z_k=\xi_k+i\eta_k$ 的单孤子解

$$\begin{aligned}&\mathrm{sol}(z_k;x-x_k,t)=-iz_k\{i\xi_k+\eta_k\tanh[\eta_k(x-2\xi_kt)]\},\\&x_k=\frac{1}{2\eta}\left[\log\left(\frac{|c_k|}{2\eta}\prod_{j<k}\left|\frac{z_k-z_\ell}{z_kz_\ell-1}\right|^2\right)+2\eta_k\int_0^{\infty}\frac{\nu(s)}{|s-z_k|^2}ds\right].\end{aligned} \tag{4.4.6}$$

证明 利用重构公式 (3.2.5), 考虑沿区域 $z\in\mathbb{C}\setminus\overline{\Omega}$ 取极限, 回顾所做的一系列变换 (4.1.14), (4.1.49) 和 (4.3.1),

$$m^{(1)}(z)=T(\infty)^{-\sigma_3}m(z)T(z)^{\sigma_3},\quad m^{(1)}(z)=m^{(2)}(z),\quad m^{(3)}(z)=m^{(2)}(z)(m^{\mathrm{sol}}(z))^{-1}.$$

倒推这些变换过程, 并利用 (4.1.8) 得到

$$\begin{aligned} m(z) &= T(\infty)^{\sigma_3} m^{(3)}(z) m^{\mathrm{sol}}(z) T(z)^{\sigma_3} \\ &= T(\infty)^{\sigma_3} m^{(3)}(z) m^{\mathrm{sol}}(z) T(\infty)^{-\sigma_3} \left[I - z^{-1} T_1^{\sigma_3} + O(z^2) \right], \end{aligned} \tag{4.4.7}$$

其中

$$T_1 = \sum_{k\in\Delta} 2i\mathrm{Im} z_k - \int_{-\infty}^{z_0} \nu(s)ds.$$

(1) 对于 $\Lambda = \varnothing$.

由 (4.2.5), (4.2.10), (4.2.26),

$$m_{j_0}(z) = I + z^{-1}\sigma_1, \tag{4.4.8}$$

$$m^{\mathrm{sol}}(z) = I + z^{-1}\left[\sigma_1 + \mathcal{O}(e^{-2\rho^2 t})\right] + \mathcal{O}(z^{-2}), \tag{4.4.9}$$

$$m^{(3)}(z) = I + z^{-1} m_1^{(3)}(x,t) + \mathcal{O}(z^{-2}), \tag{4.4.10}$$

将 (4.4.9)-(4.4.10) 代入 (4.4.7), 得到

$$m(z) = I + z^{-1} T(\infty)^{\sigma_3} \left[\sigma_1 + m_1^{(3)}(x,t) - T_1^{\sigma_3} + \mathcal{O}(e^{-2\rho^2 t})\right] T(\infty)^{-\sigma_3}.$$

利用 (4.3.39), 得到 NLS 方程具有如下渐近性

$$q(x,t) = T(\infty)^{-2} + \mathcal{O}(t^{-1}). \tag{4.4.11}$$

(2) 对于 $\Lambda \neq \varnothing$.

由 (4.2.26), 得到

$$m^{\mathrm{sol}}(z) = I + z^{-1} m_1^{\mathrm{sol}}(x,t) + \mathcal{O}(z^{-2}). \tag{4.4.12}$$

将 (4.4.10)—(4.4.12) 代入 (4.4.7), 得到

$$m(z) = I + z^{-1} T(\infty)^{\sigma_3} \left[m_1^{\mathrm{sol}}(x,t) + m_1^{(3)}(x,t) - T_1^{\sigma_3}\right] T(\infty)^{-\sigma_3}.$$

利用 (4.3.39), 得到 NLS 方程的解为

$$q(x,t) = \lim_{z\to\infty} (zm(z))_{21} = T(\infty)^{-2} q^{\mathrm{sol},N}(x,t) + \mathcal{O}(t^{-1}). \tag{4.4.13}$$

注意到 $|z_k| = 1$, $\bar{z}_k^{-1} = z_k$, 则

$$T(\infty)^{-2} = \prod_{k\in\Delta} z_k^2 \exp\left(i\int_0^\infty \nu/sds\right)$$

$$= \exp\left(\sum_{k:\mathrm{Re}z_k>\xi}\log|z_k| + 2i\sum_{k:\mathrm{Re}z_k>\xi}\arg z_k + i\int_0^\infty \nu/sds\right) = e^{i\alpha(\xi)},$$

其中

$$\alpha(\xi) = 2\sum_{k:\mathrm{Re}z_k>\xi}\arg z_k + \int_0^\infty \nu/sds.$$

因此, (4.4.13) 可以写为

$$q(x,t) = e^{i\alpha(\xi)}q^{\mathrm{sol},N}(x,t) + \mathcal{O}(t^{-1}). \tag{4.4.14}$$

由此得到

$$\left|q(x,t) - e^{i\alpha(\xi)}q^{\mathrm{sol},N}(x,t)\right| \leqslant ct^{-1}. \tag{4.4.15}$$

这说明 NLS 方程的 N-孤子解是渐近稳定的.

(3) 孤子分解性质.

进一步利用 (4.2.27), 也可以得到

$$\begin{aligned}
& q(x,t) - T(\infty)^{-2}q_{j_0}(x,t) && (4.4.16)\\
=& q(x,t) - T(\infty)^{-2}q^{\mathrm{sol},N}(x,t) + T(\infty)^{-2}(q^{\mathrm{sol},N}(x,t) - q_{j_0}(x,t)) && (4.4.17)\\
=& \mathcal{O}(t^{-1}) + \mathcal{O}(e^{-2\rho^2 t}) = \mathcal{O}(t^{-1}). && (4.4.18)
\end{aligned}$$

因此有

$$q(x,t) = T(\infty)^{-2}q_{j_0}(x,t) + \mathcal{O}(t^{-1}). \tag{4.4.19}$$

将离散谱按照 (4.4.1) 排序,

$$\mathrm{Re}z_{N-1} < \mathrm{Re}z_{N-2} < \cdots < \mathrm{Re}z_{j_0} < \cdots < \mathrm{Re}z_1 < \mathrm{Re}z_0, \tag{4.4.20}$$

见图 4.7 并假设 $j_0 \in \nabla$ 且为与临界线 $\mathrm{Re}z = \xi$ 最近的点, 即

$$|\mathrm{Re}z_{j_0} - \xi| = \min_{j\in\nabla}|\mathrm{Re}z_j - \xi|.$$

按照上述排序 (4.4.20), 则指标集 ∇ 为

$$\nabla = \{j : j \geqslant j_0\},$$

于是

$$\Delta = \{0,1,\cdots,N-1\}\setminus\nabla = \{j : j < j_0\}.$$

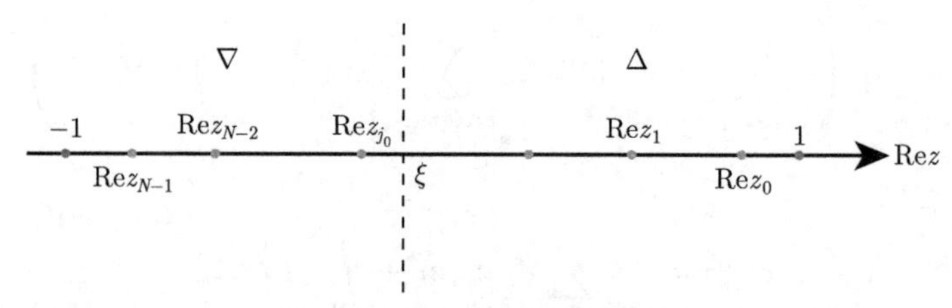

图 4.7　将极点按照实部排序

由于上述排序 (4.4.20) 的原因, 对不同的 z_j, $T(\infty)$ 会有所不同, 所以需要分别计算. $T(\infty)^{-2}$ 可以等价写为

$$T(\infty)^{-2}=\prod_{k<j_0} z_k^2 \exp\left(i\int_0^\infty \nu/sds\right)=e^{i\alpha(1)}\prod_{k<j_0} z_k^2. \tag{4.4.21}$$

当临界线 $\mathrm{Re}z=\xi$ 由 $z=1$ 变动到 $z=-1$ 过程, 每个离散谱点 $z_0,\cdots,z_{N-1}$ 都会被临界线扫到, 即落入带型区域 Λ 中.

► 当 $\xi=1$ 时, 由于 $|\mathrm{Re}z_0-1|>2\rho$, 因此 $\Lambda=\varnothing$, $\Delta=\varnothing$, 则 $T(\infty)^{-2}=e^{i\alpha(1)}$, 由 (4.4.11) 和 (4.4.21), 得到

$$q(x,t)=e^{i\alpha(1)}+\mathcal{O}(t^{-1}). \tag{4.4.22}$$

► 当 $\xi=z_{j_0}=z_0\in\Lambda$, 有 $\Delta=\varnothing$, 则 $T(\infty)^{-2}=e^{i\alpha(1)}$, 此时 $z_{j_0}=z_0$ 对应的单孤子解

$$q_{z_0}(x,t)=e^{i\alpha(1)}[\mathrm{sol}(z_0;x-x_0,t)-1],$$

并由 (4.4.19), 得到

$$q(x,t)=e^{i\alpha(1)}[\mathrm{sol}(z_0;x-x_0,t)-1]+\mathcal{O}(t^{-1}). \tag{4.4.23}$$

► 当 $\xi=z_{j_0}=z_1\in\Lambda$, 有 $\Delta=\{z_0\}$, 则 $T(\infty)^{-2}=e^{i\alpha(1)}z_0^2$, 对应的单孤子解

$$q_{z_1}(x,t)=e^{i\alpha(1)}z_0^2[\mathrm{sol}(z_1;x-x_1,t)-1],$$

并由 (4.4.19), 得到

$$q(x,t)=e^{i\alpha(1)}z_0^2[\mathrm{sol}(z_1;x-x_1,t)-1]+\mathcal{O}(t^{-1}). \tag{4.4.24}$$

► 一般地, 当 $\xi=z_{j_0}=z_j\in\Lambda$ 时, 有 $\Delta=\{0,1,\cdots,j-1\}$, 则 $T(\infty)^{-2}=e^{i\alpha(1)}\prod_{k<j}z_k^2$, 对应的单孤子解

$$q_{z_j}(x,t)=e^{i\alpha(1)}\prod_{k<j}z_k^2\Big(\mathrm{sol}(z_j;x-x_j,t)-1\Big),$$

并由 (4.4.19), 得到

$$q(x,t)=e^{i\alpha(1)}\prod_{k<j}z_k^2[\mathrm{sol}(z_j;x-x_j,t)-1]+\mathcal{O}(t^{-1}). \tag{4.4.25}$$

▶ 最后, 当 $\xi=z_{j_0}=z_{N-1}\in\Lambda$ 时, 有 $\Delta=\{0,1,\cdots,N-1\}$, 则 $T(\infty)^{-2}=e^{i\alpha(1)}\prod_{k<N-1}z_k^2$, 对应的单孤子解

$$q_{z_{N-1}}(x,t)=e^{i\alpha(1)}\prod_{k<N-1}z_k^2\Big(\mathrm{sol}(z_{N-1};x-x_{N-1},t)-1\Big),$$

并由 (4.4.19), 得到

$$q(x,t)=e^{i\alpha(1)}\prod_{k<N-1}z_k^2[\mathrm{sol}(z_{N-1};x-x_{N-1},t)-1]+\mathcal{O}(t^{-1}). \tag{4.4.26}$$

将 (4.4.22)—(4.4.26) 累加, 得到孤子分解性质

$$q(x,t)=e^{i\alpha(1)}\left[1+\sum_{k=0}^{N-1}\prod_{k<j_0}z_k^2\Big(\mathrm{sol}(z_{j_0};x-x_{j_0},t)-1\Big)\right]+\mathcal{O}(t^{-1}). \tag{4.4.27}$$

□

4.4.2 孤子解的渐近稳定性

定理 4.4.2 假设 $q^{\mathrm{sol},M}(x,t)$ 为初值在无穷满足边界条件 (2.1.2) 的 M-孤子, 相应无反射散射数据 $\{0,\{z_j,c_j\}_{j=0}^{M-1}\}$. 存在常数 ε_0, $c>0$ 使得对初值问题 (2.1.1)-(2.1.2) 的任何初值 $q_0(x)$,

$$\varepsilon:=\|\,q_0(x)-q^{\mathrm{sol},M}(x,0)\,\|_{\Sigma_4}<\varepsilon_0.$$

假设 $q(x)$ 生成散射数据 $\{r',\{z_j',c_j'\}_{j=0}^{N-1}\}$, $N\geqslant M$. 多余的 $N-M$ 个极点在 $-1,1$ 附近. 具体讲, 存在 $L\in\{0,1,\cdots,N-1\}$ 满足 $L+M\leqslant N-1$, 并且

$$\max_{0\leqslant j\leqslant M-1}(|z_j-z_{j+L}'|+|c_j-c_{j+L}'|)+\max_{j>M+L}|1+z_j'|+\max_{j<L}|1-z_j'|<c\varepsilon.$$

对 $\delta>0$, $q(x)$ 对应反射系数满足 $r'\in H^1(\mathbb{R})\cap W^{2,\infty}(\mathbb{R}\setminus(-\delta,\delta))$. 令 $\xi=x/(2t)$, 固定 $\xi_0\in(0,1)$, 使得 $\{\mathrm{Re}z_j\}_{j=0}^{M-1}\subset(-\xi_0,\xi_0)$. 则存在 $t_0=t_0(q_0,\xi_0)$, $c=c(q_0,\xi_0)$, $\{x_{k+L}\}_{k=0}^{M-1}\subset\mathbb{R}$, 使得对 $t>t_0$, $|\xi|<\xi_0$, 下列不等式成立

$$\left|q(x,t)-e^{i\alpha(1)}\prod_{j\leqslant L}z_j'^2\left[1+\sum_{k=0}^{M-1}\left(\prod_{j=0}^{k-1}z_{j+l}'^2\right)[\mathrm{sol}(z_{k+L}';x-x_{k+L},t)-1]\right]\right|\leqslant ct^{-1}. \tag{4.4.28}$$

证明　对于给定靠近 M-孤子 $q^{\mathrm{sol},M}(x,0)$ 的初值 $q_0(x)$, 可以获得在特征函数 $m'(z;x,t)$、极点 z'_j, $j=0,N-1$ 和散射数据 $\{r',\{z'_j,c'_j\}_{j=0}^{N-1}\}$, $N\geqslant M$ 上的一系列信息. 由定理 2.2.1 的 Lipschitz 连续性 (2.2.9),

$$|m'(z)-m(z)|\leqslant c\|q_0-q^{\mathrm{sol},M}(x,0)\|_{L^1(x,\infty)}\leqslant c\varepsilon. \tag{4.4.29}$$

由此得到对初值 $q_0(x)$ 的任何解有

$$|q(x,t)-q^{\mathrm{sol},M}(x,t)|\leqslant c\varepsilon. \tag{4.4.30}$$

因此 $q^{\mathrm{sol},M}(x,t)$ 是稳定的. 特别对于初值 $q_0(x)$ 决定的 N-孤子, 也有

$$|q^{\mathrm{sol},N}(x,t)-q^{\mathrm{sol},M}(x,t)|\leqslant c\varepsilon t^{-1}. \tag{4.4.31}$$

而对 $q_0(x)$, 由定理 4.4.1,

$$|q(x,t)-e^{i\alpha(\xi)}q^{\mathrm{sol},N}(x,t)|\leqslant ct^{-1},\quad t>t_0,|\xi|\leqslant\xi_0. \tag{4.4.32}$$

因此

$$\begin{aligned}&|q(x,t)-e^{i\alpha(1)}q^{\mathrm{sol},M}(x,t)|\\ \leqslant\ &|q(x,t)-e^{i\alpha(1)}q^{\mathrm{sol},N}(x,t)|+|e^{i\alpha(1)}(q^{\mathrm{sol},N}(x,t)-q^{\mathrm{sol},M}(x,t))|\leqslant ct^{-1}.\quad\square\end{aligned}$$

第 5 章　在无孤子区域中的大时间渐近性

这一章, 我们考虑 NLS 方程在无孤子区域: $|\xi| > 1$ 中的大时间渐近性, 对于这种情况, RH 问题解的主要贡献来自相位点附近的跳跃线, 为此我们采取如下措施:

(1) 将单位圆上全部极点插值为小闭圆周上的跳跃进行衰减处理;

(2) 将实轴上的跳跃线在相位点打开, 局部用抛物柱面模型逼近;

(3) 误差来自小范数 RH 问题和复平面上的 $\overline{\partial}$-方程.

5.1　RH 问题的形变

引入记号

$$I(\xi) = \begin{cases} (0,\xi_1) \cup (\xi_2,\infty), & \xi > 1, \\ (0,\infty) \cup (\xi_2,\xi_1), & \xi < -1. \end{cases} \tag{5.1.1}$$

仍然使用 (4.1.3) 定义函数

$$T(z) = \prod_{j\in\Delta} \left(\frac{z-z_j}{zz_j-1}\right) \exp\left(-i\int_0^\infty \nu(s)\left(\frac{1}{s-z}-\frac{1}{2s}\right)ds\right), \tag{5.1.2}$$

其中 $\nu(s)$ 由 (4.1.4) 定义, 但需要注意: 对于 (5.1.2) 定义的两种情况, 由于离散谱远离临界线 $\mathrm{Im}\theta(z) = 0$, 因此 $\Lambda = \varnothing$. 对于情况 $\xi < -1$, 单位圆上的离散谱全部位于临界线的右侧, 此时 $\Delta \setminus \Lambda = \Delta$; 对于情况 $\xi > 1$, 单位圆上的离散谱全部位于临界线的左侧, 此时 $\Delta = \varnothing \Longrightarrow j \in \nabla$, 这种情况, (5.1.2) 前没连乘积, 即

$$T(z) = \exp\left(-i\int_0^\infty \nu(s)\left(\frac{1}{s-z}-\frac{1}{2s}\right)ds\right), \tag{5.1.3}$$

下面我们具体讨论 $T(z)$ 的性质.

命题 5.1.1　函数 $T(z)$ 具有如下性质:

(1) 解析性: $T(z)$ 在 $\mathbb{C}\backslash I(\xi)$ 解析.

(2) 对称性: $\overline{T(\bar{z})} = T(z)^{-1} = T(z^{-1})$.

(3) 跳跃条件:

$$T_+(z) = T_-(z)(1 - |r(z)|^2), \quad z \in I(\xi). \tag{5.1.4}$$

(4) 渐近性: 令

$$T(\infty) := \lim_{z\to\infty} T(z) = \exp\left(i\int_{I(\xi)} \frac{\nu(s)}{2s}\,ds\right), \tag{5.1.5}$$

则 $|T(\infty)| = 1$, 并且

$$T(z) = T(\infty)\left(I + \frac{1}{2\pi i z}\int_{I(\xi)} \log(1 - |r(s)|^2)\,ds + \mathcal{O}\left(z^{-2}\right)\right), \quad z \to \infty. \tag{5.1.6}$$

(5) 有界性: $\dfrac{s_{11}(z)}{T(z)}$ 在 $\mathbb{C}^+$ 全纯, 并且 $\left|\dfrac{s_{11}(z)}{T(z)}\right|$ 在 $z \in \mathbb{C}^+$ 内有界.

(6) 局部性质: 对于 $k = 1, 2$,

$$|T(z) - T_k(\xi_k)(z - \xi_k)^{\varepsilon_k \nu(\xi_k) i}| \leqslant c||r||_{H^1}|z - \xi_k|^{1/2}, \quad \varepsilon_k = (-1)^{k+1}, \tag{5.1.7}$$

其中 $z = \xi_k + \mathbb{R}^+ e^{i\varphi_k}$, $|\varphi_k| < \pi$, 以及

$$T_k(z) = T(\infty)e^{i\beta_k(z;\xi_k)}, \quad \beta_k(z;\xi_k) = \varepsilon_k \nu(\xi_k)\ln(z - \xi_k) + \int_{I(\xi)} \frac{\nu(s)}{s - z}\,ds. \tag{5.1.8}$$

证明　性质 (1)—(5) 显然, 只需证 (6). 对于 $\xi > 1$, 我们证在 ξ_2 的局部性质, 其余类似. 对于 $z = \xi_2 + \mathbb{R}^+ e^{i\varphi_2}$ $(|\varphi_2| < \pi)$, $T(z)$ 可以改写为

$$\begin{aligned} T(z) &= T(\infty)\exp\left(-i\int_{\xi_2}^{+\infty} \frac{\nu(s)}{s - z}\,ds\right)\exp\left(-i\int_0^{\xi_1} \frac{\nu(s)}{s - z}\,ds\right) \\ &= T(\infty)\left(z - \xi_2\right)^{i\nu(\xi_2)}\exp\left(i\beta_2(z;\xi_2)\right), \end{aligned} \tag{5.1.9}$$

其中 $\beta_2(z;\xi_2)$ 由 (5.1.8) 定义. 我们估计 $\beta_2(\xi_2;\xi_2)$ 和 $\beta_2(z;\xi_2)$ 之间的误差.

$$\begin{aligned} |\beta_2(z;\xi_2) - \beta_2(\xi_2;\xi_2)| \leqslant{}& |\nu(\xi_2)\ln(\xi_2 + 1 - z)| + \left|\int_{\xi_2+1}^{+\infty} \frac{\nu(s)}{s - z} - \frac{\nu(s)}{s - \xi_2}\,ds\right| \\ &+ \left|\int_{\xi_2}^{\xi_2+1} \frac{\nu(s) - \nu(\xi_2)}{s - z} - \frac{\nu(s) - \nu(\xi_2)}{s - \xi_2}\,ds\right| \\ &+ \left|\int_0^{\xi_1} \frac{\nu(s)}{s - z} - \frac{\nu(s)}{s - \xi_2}\,ds\right|. \end{aligned} \tag{5.1.10}$$

经过简单计算, 可知

$$\nu(\xi_2)\ln(\xi_2+1-z)\sim -\nu(\xi_2)(z-\xi_2)+\mathcal{O}\left((z-\xi_2)^2\right), \tag{5.1.11}$$

$$\left|\int_{\xi_2+1}^{+\infty}\frac{\nu(s)}{s-z}-\frac{\nu(s)}{s-\xi_2}\,ds\right|\lesssim ||r||_{H^1}|z-\xi_2|^{-1/2}, \tag{5.1.12}$$

以及

$$\left|\int_{\xi_2}^{\xi_2+1}\frac{\nu(s)-\nu(\xi_2)}{s-z}-\frac{\nu(s)-\nu(\xi_2)}{s-\xi_2}\,ds\right|,\ \left|\int_0^{\xi_1}\frac{\nu(s)}{s-z}-\frac{\nu(s)}{s-\xi_2}\,ds\right|\lesssim ||r||_{H^1}|z-\xi_2|^{-1/2}.$$

结合 (5.1.11) 和 (5.1.12), 得到不等式 (5.1.7). □

对于单位圆 $|z|=1$ 上的极点 $z_j\in\mathcal{Z}^+$, 定义

$$\rho=\frac{1}{2}\min\left(\min_{z_j\in\mathcal{Z}^+}|\mathrm{Im}z_j|,\ \min_{z_k,z_j\in\mathcal{Z}^+}|z_j-z_k|,\ \min_{n=0,\pm1}\{|\xi_1-n|,|\xi_2-n|\}\right).$$

则如果在每个极点 z_k 以 ρ 为半径分别做小圆盘, 则这些小圆盘彼此不相交, 并不与实轴相交, 见图 5.1.

定义一个有向路径

$$\Sigma^{\mathrm{pole}}=\bigcup_{j=1}^{N}\left\{z\in\mathbb{C}:|z-z_j|=\rho\ \text{或者}\ |z-\bar{z}_j|=\rho\right\}, \tag{5.1.13}$$

为将极点 z_k 的留数转化为跳跃, 引入如下插值函数:

对于 $\xi>1$,

$$G(z)=\begin{cases}\begin{pmatrix}1 & 0\\ -\dfrac{c_je^{-2it\theta(z_j)}}{z-z_j} & 1\end{pmatrix}, & |z-z_j|<\rho,\ j\in\nabla,\\ \begin{pmatrix}1 & -\dfrac{\bar{c}_je^{2it\theta(\bar{z}_j)}}{z-\bar{z}_j}\\ 0 & 1\end{pmatrix}, & |z-\bar{z}_j|<\rho,\ j\in\nabla,\\ \begin{pmatrix}1 & 0\\ 0 & 1\end{pmatrix}, & \text{其他};\end{cases} \tag{5.1.14}$$

对于 $\xi<-1$,

$$G(z)=\begin{cases}\begin{pmatrix}1 & -\dfrac{z-z_j}{c_je^{2it\theta(z_j)}}\\ 0 & 1\end{pmatrix}, & |z-z_j|<\rho,\ j\in\Delta,\\ \begin{pmatrix}1 & 0\\ -\dfrac{z-\bar{z}_j}{\bar{c}_je^{-2it\theta(\bar{z}_j)}} & 1\end{pmatrix}, & |z-\bar{z}_j|<\rho,\ j\in\Delta,\\ \begin{pmatrix}1 & 0\\ 0 & 1\end{pmatrix}, & \text{其他},\end{cases} \tag{5.1.15}$$

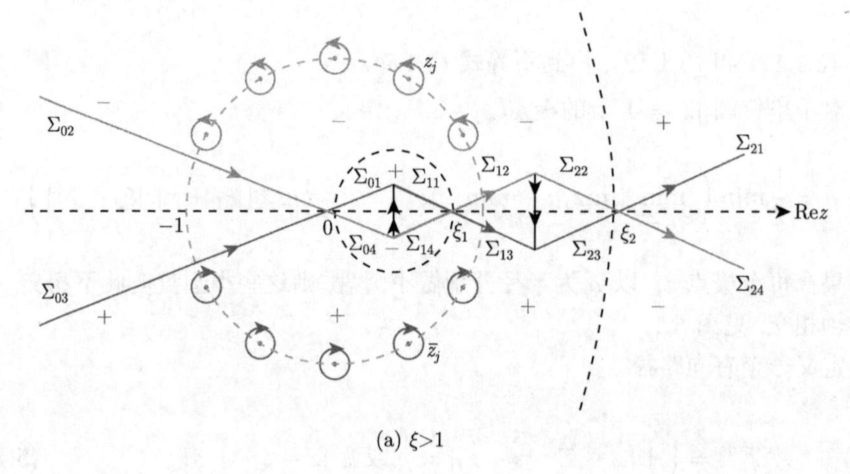

(a) $\xi>1$

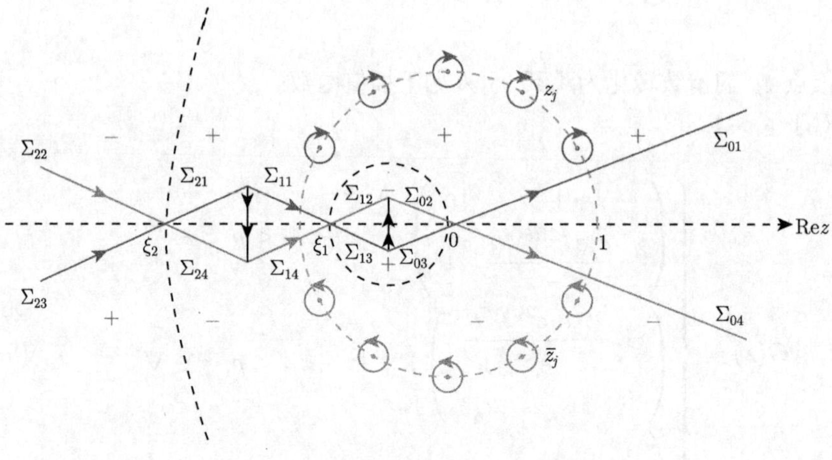

(b) $\xi<-1$

图 5.1　不同情况 $\xi>1$ 和 $\xi<-1$ 对应的跳跃线和符号图 $\mathrm{Re}\,(2i\theta)$: 以小角度打开跳跃路径 $\mathbb{R}$, 使得打开的跳跃线之间没有离散谱也不会碰触到极点的小圆盘. + 代表在这些区域 $\mathrm{Re}\,(2i\theta)>0$, − 代表在这些区域 $\mathrm{Re}\,(2i\theta)<0$

其中 $z_j \in \mathcal{Z}^+$, $\bar{z}_j \in \mathcal{Z}^-$. 作如下变换

$$m^{(1)}(z) = T(\infty)^{-\sigma_3} m(z) G(z) T(z)^{\sigma_3}, \tag{5.1.16}$$

则 $m^{(1)}(z)$ 满足 RH 问题.

RHP 5.1.1 寻找矩阵值函数 $m^{(1)}(z) = m^{(1)}(z; x, t)$ 满足

▶ 解析性: $m^{(1)}(z)$ 在 $\mathbb{C}\backslash\Sigma^{(1)}$ 解析, 其中 $\Sigma^{(1)} = \mathbb{R} \cup \Sigma^{\text{pole}}$.

▶ 对称性: $m^{(1)}(z) = \sigma_1 \overline{m^{(1)}(\bar{z})} \sigma_1 = z^{-1} m^{(1)}(z^{-1}) \sigma_1$.

▶ 跳跃条件: $m_+^{(1)}(z) = m_-^{(1)}(z) v^{(1)}(z)$, 其中在 $z \in \mathbb{R}$ 上的跳跃矩阵为

$$v^{(1)}(z) = \begin{cases} \begin{pmatrix} 1 & -\bar{r}T^{-2}e^{-2it\theta} \\ 0 & 1 \end{pmatrix} \begin{pmatrix} 1 & 0 \\ rT^2 e^{2it\theta} & 1 \end{pmatrix}, & z \in \mathbb{R}\backslash I(\xi), \\ \begin{pmatrix} 1 & 0 \\ \dfrac{r}{1-|r|^2} T_-^2 e^{2it\theta} & 1 \end{pmatrix} \begin{pmatrix} 1 & \dfrac{-\bar{r}}{1-|r|^2} T_+^{-2} e^{-2it\theta} \\ 0 & 1 \end{pmatrix}, & z \in I(\xi), \end{cases}$$

而在 $z \in \Sigma^{\text{pole}}$ 上的跳跃矩阵分两种情况:

对于 $\xi > 1$,

$$v^{(1)}(z) = \begin{cases} \begin{pmatrix} 1 & 0 \\ -\dfrac{c_j T^2(z) e^{2it\theta(z_j)}}{z - z_j} & 1 \end{pmatrix}, & |z - z_j| < \rho, \\ \begin{pmatrix} 1 & \dfrac{\bar{c}_j T^{-2}(z) e^{-2it\theta(\bar{z}_j)}}{z - \bar{z}_j} \\ 0 & 1 \end{pmatrix}, & |z - \bar{z}_j| < \rho. \end{cases} \tag{5.1.17}$$

对于 $\xi < -1$,

$$v^{(1)}(z) = \begin{cases} \begin{pmatrix} 1 & -\dfrac{z - z_j}{c_j T^2(z) e^{2it\theta(z_j)}} \\ 0 & 1 \end{pmatrix}, & |z - z_j| < \rho, \\ \begin{pmatrix} 1 & 0 \\ \dfrac{z - \bar{z}_j}{\bar{c}_j T^{-2}(z) e^{-2it\theta(\bar{z}_j)}} & 1 \end{pmatrix}, & |z - \bar{z}_j| < \rho. \end{cases} \tag{5.1.18}$$

▶ 渐近性:

$$m^{(1)}(z) = I + \mathcal{O}(z^{-1}), \quad z \to \infty,$$

$$z m^{(1)}(z) = \sigma_1 + \mathcal{O}(z), \quad z \to 0.$$

5.2 混合 $\bar{\partial}$-RH 问题

5.2.1 打开 $\bar{\partial}$-透镜

取充分小的角度 $0 < \phi(\xi) < \arctan\left(\dfrac{|\xi_2(\xi)|}{\min|\operatorname{Im} z_j|}\right), j = 1, \cdots, N$ 使得打开实轴 $\mathbb{R}$ 所得到的跳跃路径不与任何极点 z_j 的小圆盘相交. 见图 5.1.

记 $\xi_0 = 0$, $\xi_{0,1} = (\xi_0 + \xi_1)/2$, $\xi_{1,2} = (\xi_1 + \xi_2)/2$, 定义线段

$$l_1 \in (0, |\xi_{0,1}| \sec\phi(\xi)), \quad l_2 \in (0, |\xi_{1,2} - \xi_1| \sec\phi(\xi)),$$

$$\tilde{l}_1 \in (0, |\xi_{0,1}| \tan\phi(\xi)), \quad \tilde{l}_2 \in (0, |\xi_{1,2} - \xi_1| \tan\phi(\xi)),$$

以及在点 $0, \xi_1, \xi_2$ 打开实轴 $\mathbb{R}$ 后产生的边界 Σ_{kj}, $k = 0, 1, 2$, $j = 1, 2, 3, 4$

$$\Sigma_{k1} = \xi_k + e^{i\phi(\xi)}\mathbb{R}^+, \quad \Sigma_{k2} = \xi_k + e^{i(\pi - \phi(\xi))} l_2, \quad \Sigma_{k3} = \overline{\Sigma}_{k2}, \quad \Sigma_{k4} = \overline{\Sigma}_{k1}, \quad k = 0, 2,$$

$$\Sigma_{11} = \xi_1 + e^{i(\pi - \phi(\xi))} l_1, \quad \Sigma_{12} = \xi_1 + e^{i\phi(\xi)} l_2, \quad \Sigma_{13} = \overline{\Sigma}_{12}, \quad \Sigma_{14} = \overline{\Sigma}_{11},$$

$$\Sigma' = \bigcup_{j=1}^{4} \Sigma'_j, \quad \Sigma'_1 = \xi_{0,1} + e^{i\pi/2}\tilde{l}_1, \quad \Sigma'_2 = \overline{\Sigma}'_1, \quad \Sigma'_3 = \xi_{1,2} + e^{i\pi/2}\tilde{l}_2, \quad \Sigma'_4 = \overline{\Sigma}'_3.$$

用 $\Omega_{kj}, k = 0, 1, 2, j = 1, 2, 3, 4$ 这些边界围成的区域, 见图 5.2. 记区域 $\Omega = \bigcup_{k=0}^{2}\bigcup_{j=1}^{4}\Omega_{kj}$ 和线段

$$I_1 = \begin{cases} (-\infty, 0), & \xi > 1, \\ (-\infty, \xi_2), & \xi < -1, \end{cases} \qquad I_2 = \begin{cases} (0, \xi_1), & \xi > 1, \\ (\xi_2, \xi_1), & \xi < -1, \end{cases}$$

$$I_3 = \begin{cases} (\xi_1, \xi_2), & \xi > 1, \\ (\xi_1, 0), & \xi < -1, \end{cases} \qquad I_4 = \begin{cases} (\xi_2, +\infty), & \xi > 1, \\ (0, +\infty), & \xi < -1. \end{cases}$$

命题 5.2.1 在锥 $|\xi| > 1$, $\xi = \mathcal{O}(1)$ 内, 我们有

$$\operatorname{Re}(2i\theta(z)) \geqslant c(\xi, \xi_k)v > 0, \quad z \in \Omega_{k1} \cup \Omega_{k3}, \tag{5.2.1}$$

$$\operatorname{Re}(2i\theta(z)) \leqslant -c(\xi, \xi_k)v < 0, \quad z \in \Omega_{k2} \cup \Omega_{k4}, \tag{5.2.2}$$

其中 $z - \xi_k = le^{iw} := u + iv, k = 0, 1, 2$, $c(\xi, \xi_k)$ 为常数.

证明 我们仅考虑情况 $\xi > 1$, $\xi = \mathcal{O}(1)$ 中的区域 Ω_{01} 和 Ω_{11} 的证明, 其他情况可类似证明. 对于 $z \in \Omega_{01}$, 则有 $z = |z|e^{iw}$, 以及

$$\begin{aligned}\operatorname{Re}(2it\theta(z)) &= \sin(2w)\left(|z| + |z|^{-1}\right)^2 - \xi\sin(2w)\left(|z| + |z|^{-1}\right)\sec(w) - 2\sin(2w) \\ &= G(|z|)\sin(2w),\end{aligned}$$

其中

$$G(|z|)=F(|z|)^2-\xi\sec(w)F(|z|)-2,\quad F(s):=s+s^{-1}.$$

$G(|z|)$ 有两个根

$$f_j=\frac{\xi\sec(w)+(-1)^j\sqrt{\xi^2\sec(w)^2+8}}{2},\quad j=1,2.$$

注意到对 $s>0$, 有 $F(s)\geqslant 2$, 定义 $|z|=F^{-1}(f_2)$. 则当 $w<\pi/4$, 有 $f_2>2$ 以及

$$G(z)\geqslant G\left(F^{-1}(f_2)\right)>0.$$

因此 $\mathrm{Re}\,(2it\theta(z))$ 可被估计

$$\mathrm{Re}\,(2it\theta(z))\geqslant G\left(F^{-1}(f_2)\right)>0.$$

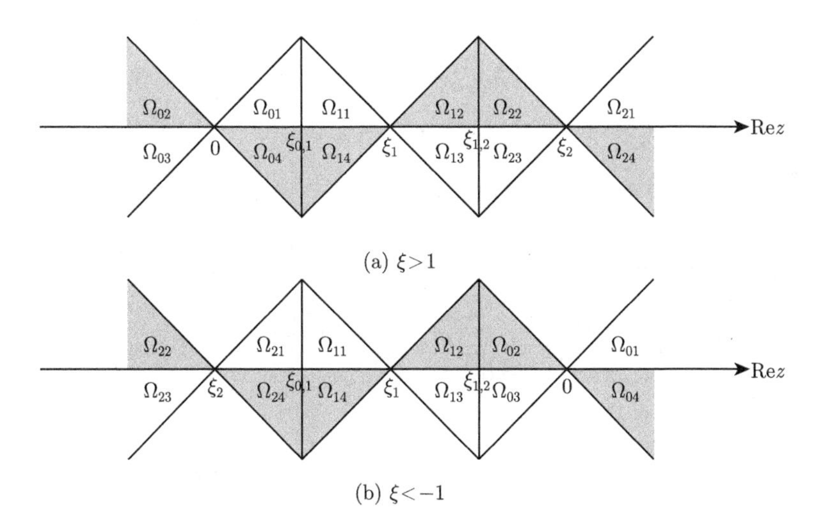

图 5.2 连续延拓区域. 在白色区域 $\mathrm{Re}(2i\theta)>0$, 在灰色区域 $\mathrm{Re}(2i\theta)<0$

对于 $z\in\Omega_{11}$, 假设 $z=\xi_1+le^{iw}:=\xi_1+u+iv$,

$$\mathrm{Re}\,(2it\theta(z))=v\left(\xi+\frac{\xi}{|z|^2}-u\left(1+\frac{1}{|z|^4}\right)\right)>v\left(\xi-1+\frac{\xi}{|z|^2}-\frac{1}{|z|^4}\right).\quad(5.2.3)$$

令 $\tau=|z|^2$, 并定义

$$h(\tau)=\xi-1+\xi\tau^{-1}-\tau^{-2},\tag{5.2.4}$$

则 $h'(\tau)>0,\quad z\in(\xi_{0,1},\xi_1)$, 因此有

$$h(\tau)\geqslant h(|(\xi_1-\xi_{0,1})\sec(w)|^2)>0.$$

最后得到

$$\operatorname{Re}(2it\theta(z)) \geqslant \left(\xi - 1 + \xi\cos(w)^2|\xi_1 - \xi_{1,0}|^{-2} - \cos(w)^4|\xi_1 - \xi_{1,0}|^{-4}\right) v > 0. \quad \square$$

5.2.2 混合 $\bar{\partial}$-RH 问题及其分解

为去除跳跃路径 $\mathbb{R}$, 我们对跳跃矩阵 $v^{(1)}(z)$ 做连续延拓.

命题 5.2.2 定义函数 $R_{kj}:\bar{\Omega}\to\mathbb{C}, k=0,1,2, j=1,2,3,4$ 满足如下边界条件

$$R_{k1} = \begin{cases} \dfrac{\overline{r(z)}T_+(z)^{-2}}{1-|r(z)|^2}, & z\in I_2\cup I_4, \\ f_{k1}(z) = \dfrac{\overline{r(\xi_k)}T_k(\xi_k)^{-2}}{1-|r(\xi_k)|^2}(z-\xi_k)^{2i\nu(\xi_k)\varepsilon_k}, & z\in\Sigma_{k1}, \end{cases} \tag{5.2.5}$$

$$R_{k2} = \begin{cases} r(z)T(z)^2, & z\in I_1\cup I_3, \\ f_{k2}(z) = r(\xi_k)T_k(\xi_k)^2(z-\xi_k)^{-2i\nu(\xi_k)\varepsilon_k}, & z\in\Sigma_{k2}, \end{cases} \tag{5.2.6}$$

$$R_{k3} = \begin{cases} \overline{r(z)}T(z)^{-2}, & z\in I_1\cup I_3, \\ f_{k3}(z) = \overline{r(\xi_k)}T_k(\xi_k)^{-2}(z-\xi_k)^{2i\nu(\xi_k)\varepsilon_k}, & z\in\Sigma_{k3}, \end{cases} \tag{5.2.7}$$

$$R_{k4} = \begin{cases} \dfrac{r(z)T_-(z)^2}{1-|r(z)|^2}, & z\in I_2\cup I_4, \\ f_{k4}(z) = \dfrac{r(\xi_k)T_k(\xi_k)^2}{1-|r(\xi_k)|^2}(z-\xi_k)^{-2i\nu(\xi_k)\varepsilon_k}, & z\in\Sigma_{k4}, \end{cases} \tag{5.2.8}$$

其中 $r(\xi_0)=r(0)=0$. 则存在 c_1 使得对 $\xi>1$, 有

$$|\bar{\partial}R_{kj}| \leqslant c_1\left(|r'(\operatorname{Re}(z))| + |z-\xi_k|^{-1/2}\right), \quad z\in\Omega_{kj}. \tag{5.2.9}$$

对 $\xi<-1$, 有

$$|\bar{\partial}R_{kj}| \leqslant \begin{cases} c_1\left(|\varphi_k(\operatorname{Re}(z))| + |r'(\operatorname{Re}(z))| + |z-\xi_k|^{-1/2}\right), & z\in\Omega_{kj}, j=1,4, \\ c_1\left(|r'(\operatorname{Re}(z))| + |z-\xi_k|^{-1/2}\right), & z\in\Omega_{kj}, j=2,3, \\ c_1|z+1|, & z=-1 \text{ 附近}, \\ c_1|z-1|, & z=1 \text{ 附近}, \end{cases} \tag{5.2.10}$$

其中

$$\varphi_k(z) = \begin{cases} \varphi^{(-1)}(z), & k=2, \\ \varphi^{(1)}(z), & k=0, \end{cases}$$

而 $\varphi^{(1)}$, $\varphi^{(-1)}\in C_0^\infty(\mathbb{R},[0,1])$ 是 ±1 附近的截断函数, 对于 $\xi<-1$, $k=1$,

$$|\bar{\partial}R_{1j}|\leqslant c_1\left(|r'(\mathrm{Re}(z))|+|z-\xi_1|^{-1/2}\right),\quad \forall z\in\Omega_{1j}. \tag{5.2.11}$$

证明 仅考虑情况 $\xi<-1$, 对于 R_{21} 给出证明, 其余类似. 定义

$$g_1(z)=f_{21}T(z)^2,\quad z\in\bar{\Omega}_{21}.$$

注意到 $s_{11}(z)$, $s_{21}(z)$ 在 $z=\pm1$ 有奇性, 但 $\lim_{z\to\pm1}r(z)=\mp1$. 这说明 R_{21} 在 $z=-1$ 的奇性可被因子 $T(z)^{-2}$ 覆盖. 事实上

$$\frac{\overline{r(z)}T_+(z)^{-2}}{1-|r(z)|^2}=\frac{\overline{s_{21}(z)}}{s_{11}(z)}\left(\frac{s_{11}(z)}{T_+(z)}\right)^2=\frac{\overline{J_{21}(z)}}{J_{11}(z)}\left(\frac{s_{11}(z)}{T_+(z)}\right)^2, \tag{5.2.12}$$

其中

$$J_{11}(z)=\det\left[\psi_1^-(z;x),\psi_2^+(z;x)\right],\quad J_{21}(z)=\det\left[\psi_1^+(z;x),\psi_1^-(z;x)\right].$$

记 $\chi_0,\chi_{-1}\in C_0^\infty(\mathbb{R},[0,1])$ 为 0 和 -1 附近的截断函数.

令 $z-\xi_2=s_2e^{i\varphi_2}$, $s_2>0$. 对于 $z\in\bar{\Omega}_{21}$,

$$R_{21}(z)=\hat{R}_{21}(z)+\tilde{R}_{21}(z), \tag{5.2.13}$$

$$\begin{aligned}&\hat{R}_{21}(z)=\left(g_1(z)+\left(\frac{\overline{r(\mathrm{Re}\,z)}}{1-|r(\mathrm{Re}\,z)|^2}-g_1(z)\right)\cos(a_0\varphi_2)\right)T(z)^{-2}\big(1-\chi_{-1}(\mathrm{Re}\,z)\big),\\&\tilde{R}_{21}(z)=k(\mathrm{Re}\,z)\frac{s_{11}^2(z)}{T^2(z)}\cos(a_0\varphi_2)+\frac{i|z-\xi_2|}{a_0}\chi_0\left(\frac{\varphi_2}{\delta_0}\right)k'(\mathrm{Re}\,z)\frac{s_{11}^2(z)}{T^2(z)}\sin(a_0\varphi_2),\end{aligned} \tag{5.2.14}$$

其中 $k(z):=\chi_{-1}(z)\dfrac{\overline{J_{21}(z)}}{J_{11}(z)}$, $a_0:=\dfrac{\pi}{2\phi(\xi)}$, $\delta_0>0$.

如下计算 (5.2.13)-(5.2.14) 的 $\bar{\partial}$-导数.

$$\begin{aligned}\bar{\partial}\hat{R}_{21}=&-\frac{\bar{\partial}\chi_{-1}(\mathrm{Re}\,z)}{T(z)^2}\left(g_1(z)+\left(\frac{\overline{r(\mathrm{Re}\,z)}}{1-|r(\mathrm{Re}\,z)|^2}-g_1(z)\right)\cos(a_0\varphi_2)\right)T(z)^{-2}\\&+\bar{\partial}\left(g_1(z)+\left(\frac{\overline{r(\mathrm{Re}\,z)}}{1-|r(\mathrm{Re}\,z)|^2}-g_1(z)\right)\cos(a_0\varphi_2)\right)T(z)^{-2}\big(1-\chi_{-1}(\mathrm{Re}\,z)\big).\end{aligned} \tag{5.2.15}$$

可以证明

$$\left|\frac{\overline{r(\operatorname{Re} z)}}{1-|r(\operatorname{Re} z)|^2}-g_1(z)\right| \lesssim |z-\xi_2|^{1/2}, \tag{5.2.16}$$

其中使用了 Cauchy-Schwarz 不等式. 令 $\varphi^{(-1)}(z) \in C_0^\infty(\mathbb{R},[0,1])$,

$$\varphi^{(-1)}(z) = \begin{cases} 1, & z \in \operatorname{supp}\chi_{-1}, \\ 0, & \text{其他}. \end{cases} \tag{5.2.17}$$

则 (5.2.15) 的第一项是有界的, 因此证明了不等式

$$|\bar{\partial} R_{21}| \lesssim \varphi^{(-1)}(\operatorname{Re} z) + |r'(\operatorname{Re} z)| + |z-\xi_2|^{-1/2}, \quad z \in \Omega_{21}. \tag{5.2.18}$$

对于 $\tilde{R}_{21}(z)$,

$$\begin{aligned}\bar{\partial}\tilde{R}_{21}(z) = \frac{1}{2}e^{i\varphi_2}s_{11}^2(z)T(z)^{-2}\Bigg[&\cos(a_0\varphi_2)k'(s_2)\left(1-\chi_0\left(\frac{\varphi_2}{\delta_0}\right)\right)-\frac{ia_0k(s_2)}{s_2}\sin(a_0\varphi_2)\\ &+\frac{i}{a_0}\left(s_2k'(s_2)\right)'\sin(a_0\varphi_2)\chi_0\left(\frac{\varphi_2}{\delta_0}\right)-\frac{1}{a_0\delta_0}k'(s_2)\sin(a_0\varphi_2)\chi_0'\left(\frac{\varphi_2}{\delta_0}\right)\Bigg].\end{aligned}$$

已知 $|\bar{\partial}\tilde{R}_{21}(z)| \lesssim \varphi^{(-1)}(\operatorname{Re} z)$, 由此得到 (5.2.10). □

利用 $\mathcal{R}^{(2)}(z)$ 定义一个新的变换

$$m^{(2)}(z) = m^{(1)}(z)\mathcal{R}^{(2)}(z), \tag{5.2.19}$$

其中对 $z \in \Omega_{kj}(k=0,1,2)$,

$$\mathcal{R}^{(2)}(z) = \begin{cases} \begin{pmatrix} 1 & (-1)^\tau R_{kj}e^{-2it\theta} \\ 0 & 1 \end{pmatrix}, & j=1,3, \\ \begin{pmatrix} 1 & 0 \\ (-1)^\tau R_{kj}e^{2it\theta} & 1 \end{pmatrix}, & j=2,4, \\ I, & \text{其他}, \end{cases} \tag{5.2.20}$$

其中 $\tau=0,\ j=1,4; \tau=1,\ j=2,3$. 则 $m^{(2)}(z)$ 满足混合 $\bar{\partial}$-问题:

RHP 5.2.1 寻找矩阵函数 $m^{(2)}(z) = m^{(2)}(z;x,t)$ 满足

▶ 解析性: $m^{(2)}(z)$ 在 $\mathbb{C}\setminus\Sigma^{(2)}$ 连续, 其中

$$\Sigma^{(2)} = \bigcup_{j=1}^{4}\left(\left(\bigcup_{k=1}^{2}\Sigma_{kj}\right)\cup\Sigma_j'\right)\cup\Sigma^{\text{pole}}.$$

▶ 跳跃条件:

$$m_+^{(2)}(z) = m_-^{(2)}(z)v^{(2)}(z), \tag{5.2.21}$$

其中

$$v^{(2)}(z) = \begin{cases} \begin{pmatrix} 1 & -f_{kj}e^{-2it\theta} \\ 0 & 1 \end{pmatrix}, & z \in \Sigma_{kj},\ j = 1,3, \\ \begin{pmatrix} 1 & 0 \\ f_{kj}e^{2it\theta} & 1 \end{pmatrix}, & z \in \Sigma_{kj},\ j = 2,4, \\ \begin{pmatrix} 1 & (f_{(k-1)j} - f_{kj})e^{-2it\theta} \\ 0 & 1 \end{pmatrix}, & z \in \Sigma'_j,\ j = 1,4, \\ \begin{pmatrix} 1 & 0 \\ (f_{(k-1)j} - f_{ij})e^{2it\theta} & 1 \end{pmatrix}, & z \in \Sigma'_j,\ j = 2,3, \\ v^{(1)}(z), & z \in \Sigma^{\text{pole}}, \end{cases} \tag{5.2.22}$$

这里 $k = 1, 2$.

▶ 渐近性:

$$m^{(2)}(z) = I + \mathcal{O}(z^{-1}), \quad z \to \infty,$$

$$zm^{(2)}(z) = \sigma_1 + \mathcal{O}(z), \quad z \to 0.$$

▶ $\bar{\partial}$-导数: 对 $z \in \mathbb{C} \setminus \Sigma^{(2)}$, 我们有

$$\bar{\partial} m^{(2)}(z) = m^{(2)}(z)\bar{\partial} R^{(2)}(z), \tag{5.2.23}$$

其中

$$\bar{\partial} R^{(2)}(z) = \begin{cases} \begin{pmatrix} 1 & (-1)^\tau \bar{\partial} R_{kj} e^{-2it\theta} \\ 0 & 1 \end{pmatrix}, & j = 1,3, \\ \begin{pmatrix} 1 & 0 \\ (-1)^\tau \bar{\partial} R_{kj} e^{2it\theta} & 1 \end{pmatrix}, & j = 2,4, \end{cases} \tag{5.2.24}$$

这里 $k = 0, 1, 2$.

为求解 $m^{(2)}(z)$, 将其分解为纯 RH 问题 $m^{(2)}_{\text{RHP}}(z)\big|_{\bar{\partial} R^{(2)}(z)=0}$ 和纯 $\bar{\partial}$-问题 $m^{(3)}(z) = m^{(2)}(z)m^{(2)}_{\text{RHP}}(z)^{-1}$, 其满足 $\bar{\partial}$-方程

$$\bar{\partial} m^{(3)}(z) = m^{(3)}(z)W^{(3)}(z),$$

$$W^{(3)}(z)=m_{\mathrm{RHP}}^{(2)}(z)\bar{\partial}R^{(2)}(z)m_{\mathrm{RHP}}^{(2)}(z)^{-1}.$$

如下我们分析如上两个问题.

5.3 来自纯 RH 问题的贡献

首先考虑纯 RH 问题:

RHP 5.3.1 寻找矩阵值函数 $m_{\mathrm{RHP}}^{(2)}(z)=m_{\mathrm{RHP}}^{(2)}(z;x,t)$ 满足

▶ 解析性: $m_{\mathrm{RHP}}^{(2)}(z)$ 在 $\mathbb{C}\backslash\Sigma^{(2)}$ 上解析.

▶ 跳跃条件:

$$m_{\mathrm{RHP}+}^{(2)}(z)=m_{\mathrm{RHP}-}^{(2)}(z)v^{(2)}(z), \tag{5.3.1}$$

其中 $v^{(2)}(z)$ 由 (5.2.22) 给出.

▶ 渐近性: $m_{\mathrm{RHP}}^{(2)}(z)$ 与 $m^{(2)}(z)$ 具有相同的渐近性.

▶ $\bar{\partial}$-导数: $\bar{\partial}R^{(2)}(z)=0,\quad z\in\mathbb{C}\backslash\Sigma^{(2)}$.

定义

$$\mathcal{U}_{\xi}=\mathcal{U}_{\xi_1}\cup\mathcal{U}_{\xi_2},\quad \mathcal{U}_{\xi_k}=\{z:|z-\xi_k|<\rho\},\quad k=1,2,$$

则跳跃矩阵 $v^{(2)}(z)$ 具有如下估计.

命题 5.3.1 存在正常数 c_p 使得对 $1\leqslant p\leqslant\infty$, 有

$$||v^{(2)}(z)-I||_{L^p(\Sigma^{(2)}\backslash\mathcal{U}_{\xi})}=\mathcal{O}\left(c_pe^{-c_pt}\right),\quad t\to\infty. \tag{5.3.2}$$

证明 我们仅证明三种情况: $z\in\Sigma_{21}\backslash\mathcal{U}_{\xi}$, $z\in\Sigma_3'$ 和 $z\in\{z\in\mathbb{C}:|z-z_1|=\rho\}$, $\xi>1$, 其余情况类似.

对 $z\in\Sigma_{21}\backslash\mathcal{U}_{\xi}$, $1\leqslant p<\infty$,

$$||v^{(2)}(z)-I||_{L^p(\Sigma_{21}\backslash\mathcal{U}_{\xi})}=||R_{21}e^{-2it\theta(z)}||_{L^p(\Sigma_{21}\backslash\mathcal{U}_{\xi})}\lesssim||e^{-2it\theta(z)}||_{L^p(\Sigma_{21}\backslash\mathcal{U}_{\xi})}.$$

记 $z=\xi_2+le^{i\varphi}$, $l\in(\rho,\infty)$, $z\in\Sigma_{21}\backslash\mathcal{U}_{\xi}$. 则由命题 5.2.1,

$$||e^{-2it\theta(z)}||_{L^p(\Sigma_{21}\backslash\mathcal{U}_{\xi})}^p\lesssim t^{-1}e^{-c_pt}.$$

对 $z\in\Sigma_3'$, 存在正常数 c_p 使得

$$||v^{(2)}(z)-I||_{L^p(\Sigma_3')}=||(R_{22}-R_{12})e^{2it\theta(z)}||_{L^p(\Sigma_3')}\lesssim||e^{2it\theta(z)}||_{L^p(\Sigma_3')}\lesssim t^{-1/p}e^{-c_pt}.$$

对于 $z\in\{z\in\mathbb{C}:|z-z_1|=\rho\}$, $\xi>1$,

$$\begin{aligned}||v^{(2)}(z)-I||_{L^p(\{z\in\mathbb{C}:|z-z_1|=\rho\})}&=||c_1T^2(z)e^{2it\theta(z_1)}(z-z_1)^{-1}||_{L^p(\{z\in\mathbb{C}:|z-z_1|=\rho\})}\\&\lesssim C(\rho,p)||e^{2it\theta(z_1)}||_{L^p(\{z\in\mathbb{C}:|z-z_1|=\rho\})}\lesssim C(\rho,p)e^{-c_pt},\end{aligned}$$

其中 $C(\rho,p)$ 为正常数. 对于上述三种情况, 估计 (5.3.2) 对 $p=\infty$ 显然成立. □

由命题 5.3.1 知道, 在邻域 $\mathcal{U}_\xi$ 之外, 跳跃 $v^{(2)}(z)$ 一致衰减到单位矩阵. 因此 $m^{(2)}_{\mathrm{RHP}}(z)$ 在 $\mathcal{U}_\xi$ 只有指数小的误差, 可以忽略, 因此 $m^{(2)}_{\mathrm{RHP}}(z)$ 可以分解为两部分:

$$m^{(2)}_{\mathrm{RHP}}(z)=\begin{cases}E(z)m^{\mathrm{out}}(z), & z\in\mathbb{C}\backslash\mathcal{U}_\xi,\\ E(z)m^{\mathrm{out}}(z)m^{\mathrm{lo}}(z), & z\in\mathcal{U}_\xi,\end{cases}\tag{5.3.3}$$

其中 $m^{\mathrm{out}}(z)$ 为 $m^{(2)}_{\mathrm{RHP}}(z)$ 的邻域之外去除跳跃条件的模型, $m^{\mathrm{lo}}(z)$ 是可用抛物柱面函数解逼近的可解模型, $E(z)$ 是由小范数 RH 问题决定的误差函数.

5.3.1 相位点邻域外可解孤子模型

由于我们已经将所有的极点都转化为跳跃, 因此外部模型 $m^{\mathrm{out}}(z)$ 没有离散谱, 其满足如下 RH 问题.

RHP 5.3.2 寻找矩阵函数 $m^{\mathrm{out}}(z)=m^{\mathrm{out}}(z;x,t)$ 满足

▶ 解析性: $m^{\mathrm{out}}(z)$ 在 $\mathbb{C}\backslash\{0\}$ 解析;

▶ 对称性: $m^{\mathrm{out}}(z)=\sigma_1\overline{m^{\mathrm{out}}(\bar{z})}\sigma_1=z^{-1}m^{\mathrm{out}}(z^{-1})\sigma_1$;

▶ 渐近性:

$$m^{\mathrm{out}}(z)=I+\mathcal{O}(z^{-1}),\quad z\to\infty,$$

$$zm^{\mathrm{out}}(z)=\sigma_1+\mathcal{O}(z),\quad z\to 0.$$

命题 5.3.2 RHP 5.3.2 存在唯一解

$$m^{\mathrm{out}}(z)=I+z^{-1}\sigma_1.\tag{5.3.4}$$

证明 除了 $z=0$, $m^{\mathrm{out}}(z)$ 在 $\mathbb{C}$ 内解析. 做变换

$$\tilde{m}(z)=m^{\mathrm{out}}(z)\left(I+z^{-1}\sigma_1\right)^{-1}.\tag{5.3.5}$$

注意到

$$\left(I+z^{-1}\sigma_1\right)^{-1}=\left(1-z^{-2}\right)^{-1}\sigma_2\left(I+z^{-1}\sigma_1\right)^{\mathrm{T}}\sigma_2,\tag{5.3.6}$$

则有

$$\lim_{z\to 0}\tilde{m}(z)=\lim_{z\to 0}m^{\mathrm{out}}(z)\left(I+z^{-1}\sigma_1\right)^{-1}=I,$$

$$\lim_{z\to \infty}\tilde{m}(z)=\lim_{z\to \infty}m^{\mathrm{out}}(z)\left(I+z^{-1}\sigma_1\right)^{-1}=I.$$

因此 $\tilde{m}(z)$ 为复平面内有界解析函数, 从而 $\tilde{m}(z)=I$ 为一个常数, 由此得到 $m^{\mathrm{out}}(z)=I+z^{-1}\sigma_1$. □

5.3.2 相位点附近可解的局部 RH 模型

记跳跃矩阵

$$\Sigma^{\mathrm{lo}} := \Sigma^{(2)} \cap \mathcal{U}_\xi = \Sigma_1 \cup \Sigma_2,$$

其中 $\Sigma_k := \bigcup_{j=1}^4 \Sigma_{kj} \cap \mathcal{U}_{\xi_k}$, $k = 1, 2$, 见图 5.3. 考虑如下局部 RH 问题.

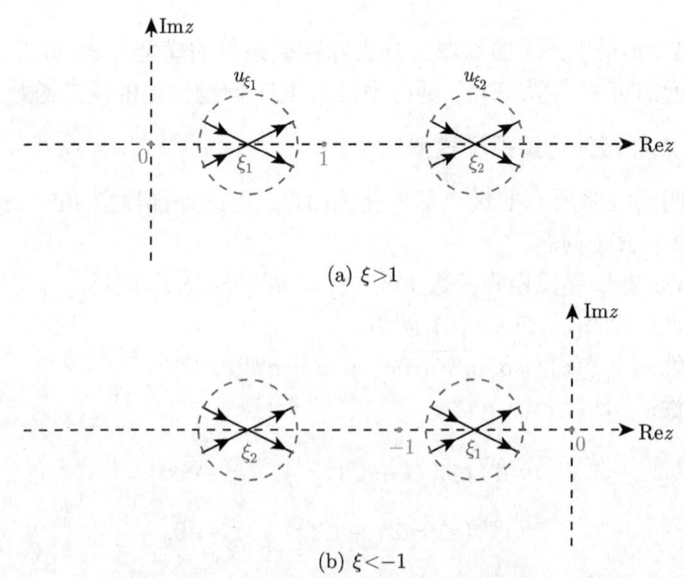

图 5.3 $m^{\mathrm{lo}}(z)$ 在两种情况下的跳跃路径 Σ^{lo}: (a) $\xi > 1$; (b) $\xi < -1$

RHP 5.3.3 寻找矩阵函数 $m^{\mathrm{lo}}(z) = m^{\mathrm{lo}}(z; x, t)$ 满足

► 解析性: $m^{\mathrm{lo}}(z)$ 在 $\mathcal{U}_\xi \setminus \Sigma^{\mathrm{lo}}$ 内解析.

► 对称性: $m^{\mathrm{lo}}(z) = \sigma_1 \overline{m^{\mathrm{lo}}(\bar{z})} \sigma_1$.

► 跳跃条件: $m^{\mathrm{lo}}_+(z) = m^{\mathrm{lo}}_-(z) v^{(2)}(z)$, $z \in \Sigma^{\mathrm{lo}}$.

► 渐近性: $m^{\mathrm{lo}}(m^{\mathrm{PC}})^{-1} \to I$, $z \in \partial\mathcal{U}_\xi, t \to \infty$.

考虑跳跃矩阵的平凡分解

$$v^{(2)}(z) = b_-^{-1} b_+, \quad b_- = I, \quad b_+ = v^{(2)}(z),$$

$$w_- = 0, \quad w_+ = v^{(2)}(z) - I, \quad w = v^{(2)}(z) - I,$$

$$w = w_1 + w_2, \quad w_1 = 0, \quad z \in \Sigma_2, \quad w_2 = 0, \quad z \in \Sigma_1,$$

则

$$C_w f = C_-(f w_+) + C_+(f w_-) = C_-(f(v^{(2)} - I)),$$

其中 $C_w = C_{w_1} + C_{w_2}$, $C_\pm$ 为定义在 $\Sigma^{(2)}$ 上的 Cauchy 算子

$$C_\pm f(z) = \lim_{z' \to z \in \Sigma^{(2)}} \frac{1}{2\pi i} \int_{\Sigma^{(2)}} \frac{f(s)}{s - z'} ds. \tag{5.3.7}$$

首先证明当 $t \to \infty$ 时, $m^{\mathrm{lo}}(z)$ 在 Σ_1 和 Σ_2 的相互作用为零, 因此 $m^{\mathrm{lo}}(z)$ 等于在 Σ_1 和 Σ_2 上结果之和, 有如下命题.

命题 5.3.3

$$||C_{w_1} C_{w_2}||_{L^2(\Sigma^{\mathrm{lo}})} = ||C_{w_2} C_{w_1}||_{L^2(\Sigma^{\mathrm{lo}})} \lesssim t^{-1}, \tag{5.3.8}$$

$$||C_{w_1} C_{w_2}||_{L^\infty(\Sigma^{\mathrm{lo}}) \to L^2(\Sigma^{\mathrm{lo}})}, \quad ||C_{w_2} C_{w_1}||_{L^\infty(\Sigma^{\mathrm{lo}}) \to L^2(\Sigma^{\mathrm{lo}})} \lesssim t^{-1}. \tag{5.3.9}$$

证明 从算子定义出发, 对任何 $f \in L^\infty \cap L^2\left(\Sigma^{\mathrm{lo}}\right)$, 我们有

$$C_{w_1} C_{w_2} f = C_+\left(C_-(f w_{2+}) w_{1-}\right) + C_-\left(C_+(f w_{2-}) w_{1+}\right). \tag{5.3.10}$$

因此

$$\begin{aligned} ||C_-\left(C_+(f w_{2-}) w_{1+}\right)(\cdot)||_{L^2(\Sigma^{\mathrm{lo}})} &= \left|\left| \int_{\Sigma_1} \left(\int_{\Sigma_2} \frac{f(\eta) w_{2-}(\eta)}{(\eta - \kappa)_+} \mathrm{d}\eta \right) \frac{w_{1+}(\kappa)}{(\kappa - \cdot)_-} d\kappa \right|\right|_{L^2(\Sigma^{\mathrm{lo}})} \\ &\lesssim ||w_{1+}||_{L^2(\Sigma_1)} \sup_{\kappa \in \Sigma_1} \left| \int_{\Sigma_2} \frac{f(\eta) w_{2-}(\eta)}{\eta - \kappa} d\eta \right|. \end{aligned}$$

进一步可证 $||w||_{L^2(\Sigma^{\mathrm{lo}})} \lesssim t^{-1/2}$. 于是直接计算可得到估计 (5.3.8)-(5.3.9). □

基于上述命题结果和文献 [40] 的思想, 我们可以给出如下命题.

命题 5.3.4

$$\int_{\Sigma^{\mathrm{lo}}} \frac{(I - C_w)^{-1} I w}{s - z} ds = \sum_{j=1}^{2} \int_{\Sigma_j} \frac{(I - C_{w_j})^{-1} I w_j}{s - z} ds + \mathcal{O}(t^{-3/2}). \tag{5.3.11}$$

考虑在邻域 ξ_k, $k = 1, 2$ 的 Taylor 展开,

$$\theta(z) = \theta(\xi_k) + \frac{\theta''(\xi_k)}{2}(z - \xi_k)^2 + G_k(z; \xi_k), \tag{5.3.12}$$

其中 $G_k(z; \xi_k) = \mathcal{O}\left((z - \xi_k)^3\right)$. 则有如下命题.

命题 5.3.5 令 $\xi = \mathcal{O}(1)$, 定义尺度算子 $N_k (k = 1, 2)$

$$N_k : g(z) \to (N_k g)(z) = g\left(\frac{s}{\sqrt{2t\varepsilon_k \theta''(\xi_k)\varepsilon_k}} + \xi_k \right), \tag{5.3.13}$$

其中 $s=u\xi_k e^{\pm i\varphi_k}$, $|u|<\rho$, $k=1,2$. 则有

$$\left|\exp\left\{-itG_k\left(\frac{s}{\sqrt{2t\varepsilon_k\theta''(\xi_k)}}+\xi_k;\xi_k\right)\right\}\right|\to 1,\quad t\to\infty. \tag{5.3.14}$$

证明 仅证明情况 ξ_1, 另外一种情况 ξ_2 可类似证明. 在 ξ_1 邻域, 算子 N_1 作用于 $T^{-1}(z)e^{-it\theta(z)}$ 得到

$$N_1\left(T^{-1}e^{-it\theta(z)}\right)=T^{-1}\left(\frac{s}{\sqrt{2t\theta''(\xi_1)}}+\xi_1\right)\exp\left(-it\theta\left(\frac{s}{\sqrt{2t\theta''(\xi_1)}}+\xi_1\right)\right).$$

直接计算, 有

$$N_1\theta(z)=\theta(\xi_1)+\frac{s^2}{4t}+G_1\left(\frac{s}{\sqrt{2t\theta''(\xi_1)}}+\xi_1;\xi_1\right),$$

$$N_1T^{-1}(z)=(2t\theta''(\xi_1))^{-\frac{v(\xi_1)}{2}}e^{w\left(\frac{s}{\sqrt{2t\theta''(\xi_1)}}+\xi_1\right)}s^{iv(\xi_1)}\left(\frac{s}{\sqrt{2t\theta''(\xi_1)}}+\xi_1\right)^{-iv(\xi_2)}, \tag{5.3.15}$$

其中

$$w(z)=-\frac{1}{2\pi i}\int_{I(\xi)}\ln|s-z|\,d\ln(1-|r|^2).$$

直接估计 (5.3.15), 得到 (5.3.14). □

根据命题 5.3.4, m^{lo} 可转化为分别计算 Σ_k $(k=1,2)$ 上的两个局部模型 $m^{\mathrm{lo},k}$, 其进一步用抛物柱面模型逼近. 为此我们考虑下列 RH 问题.

RHP 5.3.4 寻找矩阵函数 $m^{\mathrm{lo},k}(z)=m^{\mathrm{lo},k}(z;\xi_k,x,t)$ 满足

- ▶ 解析性: $m^{\mathrm{lo},k}(z)$ 在 $\mathbb{C}\backslash\Sigma_k$ 上解析.
- ▶ 对称性: $m^{\mathrm{lo},k}(z)=\sigma_1\overline{m^{\mathrm{lo},k}(\bar{z})}\sigma_1$.
- ▶ 跳跃条件:

$$m_+^{\mathrm{lo},k}(z)=m_-^{\mathrm{lo},k}(z)v^{\mathrm{lo},k}(z),\quad z\in\Sigma_k,$$

其中

$$v^{\mathrm{lo},k}(z)=\begin{cases}\begin{pmatrix}1 & -f_{kj}e^{-2it\theta}\\ 0 & 1\end{pmatrix}, & z\in\Sigma_{kj},\ j=1,3,\\ \begin{pmatrix}1 & 0\\ f_{kj}e^{2it\theta} & 1\end{pmatrix}, & z\in\Sigma_{kj},\ j=2,4.\end{cases} \tag{5.3.16}$$

▶ 渐近性: $m^{\mathrm{lo},k}(z) = I + \mathcal{O}(z^{-1}), z \to \infty$.

这里以 $m^{\mathrm{lo},1}(z)$ 为例说明, 另外一个模型可类似讨论. 定义尺度化坐标

$$s = s(z;\xi_1) = \sqrt{2t\theta''(\xi_1)}(z-\xi_1), \tag{5.3.17}$$

为保证对数函数单值性, 选取幅角 $-\pi < \arg s < \pi$. 令

$$r_{\xi_1} = -r(\xi_1)T_1(\xi_1)^2 \exp\left(2it\theta(\xi_1) + i\nu(\xi_1)\log\left(2t\theta''(\xi_1)\right)\right), \tag{5.3.18}$$

$$\tilde{\rho} = \tilde{\rho}(\xi_1) = \sqrt{2t\theta''(\xi_1)}\rho, \quad \tilde{\mathcal{U}}_{\xi_1} = \{s \in \mathbb{C} : |s| = \tilde{\rho}\}, \tag{5.3.19}$$

其中 $|r_{\xi_1}| = |r(\xi_1)|$. 做变换

$$m^{\mathrm{pc},1}(s;r_{\xi_1}) = N_1 m^{\mathrm{lo},1}(z),$$

其中 s 和 r_{ξ_1} 满足 (5.3.17) 和 (5.3.18). 我们得到如下抛物柱面模型.

RHP 5.3.5 寻找矩阵函数 $m^{\mathrm{pc},1}(s;r_{\xi_1}) = m^{\mathrm{pc},1}(s;r_{\xi_1},x,t)$ 满足

▶ 解析性: $m^{\mathrm{pc},1}(s;r_{\xi_1})$ 在 $\mathbb{C}\backslash\Sigma^{\mathrm{pc},1}$ 内解析, 其中

$$\Sigma^{\mathrm{pc},1} = \bigcup_{j=1}^{4}\Sigma_j^{\mathrm{pc},1}, \quad \Sigma_1^{\mathrm{pc},1} = \mathbb{R}^+ e^{(\pi-\varphi)i} \cap \tilde{\mathcal{U}}_{\xi_1},$$

$$\Sigma_2^{\mathrm{pc},1} = \mathbb{R}^+ e^{\varphi i} \cap \tilde{\mathcal{U}}_{\xi_1}, \quad \Sigma_3^{\mathrm{pc},1} = \overline{\Sigma}_2^{\mathrm{pc},1}, \quad \Sigma_4^{\mathrm{pc},1} = \overline{\Sigma}_1^{\mathrm{pc},1}.$$

▶ 跳跃条件:

$$m_+^{\mathrm{pc},1}(s;r_{\xi_1}) = m_-^{\mathrm{pc},1}(s;r_{\xi_1})v^{\mathrm{pc},1}(s;r_{\xi_1}), \quad s \in \Sigma^{\mathrm{pc},1},$$

其中

$$v^{\mathrm{pc},1}(s;r_{\xi_1}) = \begin{cases} \begin{pmatrix} 1 & \dfrac{-\bar{r}_{\xi_1}}{1-|r_{\xi_1}|^2} s^{2i\nu(\xi_1)} e^{-is^2/2} \\ 0 & 1 \end{pmatrix}, & s \in \Sigma_1^{\mathrm{pc},1}, \\ \begin{pmatrix} 1 & 0 \\ r_{\xi_1} s^{-2i\nu(\xi_1)} e^{is^2/2} & 1 \end{pmatrix}, & s \in \Sigma_2^{\mathrm{pc},1}, \\ \begin{pmatrix} 1 & -\bar{r}_{\xi_1} s^{2i\nu(\xi_1)} e^{-is^2/2} \\ 0 & 1 \end{pmatrix}, & s \in \Sigma_3^{\mathrm{pc},1}, \\ \begin{pmatrix} 1 & 0 \\ \frac{r_{\xi_1}}{1-|r_{\xi_1}|^2} s^{-2i\nu(\xi_1)} e^{is^2/2} & 1 \end{pmatrix}, & s \in \Sigma_4^{\mathrm{pc},1}. \end{cases} \tag{5.3.20}$$

▶ 渐近性:

$$m^{\mathrm{pc},1}(s;r_{\xi_1}) = I + \frac{m_1^{\mathrm{pc},1}(x,t)}{s} + \mathcal{O}\left(s^{-2}\right), \quad s \to \infty,$$

其中 $m_1^{\mathrm{pc},1}(x,t)$ 为 $m^{\mathrm{pc},1}(s;r_{\xi_1})$ 的 s^{-1} 系数.

进一步做如下变换

$$m^{\mathrm{pc},1}(s;r_{\xi_1}) = \Psi(s;r_{\xi_1})P(s;r_{\xi_1})e^{is^2\sigma_3/4}s^{-i\nu(\xi_1)\sigma_3}, \tag{5.3.21}$$

其中

$$P(s;r_{\xi_1}) = \begin{cases} \begin{pmatrix} 1 & 0 \\ -r_{\xi_1} & 1 \end{pmatrix}, & \arg s \in (0,\varphi), \\ \begin{pmatrix} 1 & -\bar{r}_{\xi_1} \\ 0 & 1 \end{pmatrix}, & \arg s \in (0,-\varphi), \\ \begin{pmatrix} 1 & \dfrac{\bar{r}_{\xi_1}}{1-|r_{\xi_1}|^2} \\ 0 & 1 \end{pmatrix}, & \arg s \in (\pi-\varphi,\pi), \\ \begin{pmatrix} 1 & 0 \\ \dfrac{r_{\xi_1}}{1-|r_{\xi_1}|^2} & 1 \end{pmatrix}, & \arg s \in (-\pi,-\pi+\varphi), \end{cases}$$

则 $\Psi(s,r_{\xi_1})$ 满足下列 RH 问题.

RHP 5.3.6　寻找矩阵函数 $\Psi(s;r_{\xi_1})$ 满足

▶ 解析性: $\Psi(s;r_{\xi_1})$ 在 $\mathbb{C}\backslash\mathbb{R}$ 解析;

▶ 跳跃条件:

$$\Psi_+(s;r_{\xi_1}) = \Psi_-(s;r_{\xi_1})v^{\Psi}(0), \quad s \in \mathbb{R},$$

其中

$$v^{\Psi}(0) = \begin{pmatrix} 1-|r_{\xi_1}|^2 & \bar{r}_{\xi_1} \\ -r_{\xi_1} & 1 \end{pmatrix}; \tag{5.3.22}$$

▶ 渐近性:

$$\Psi(s;r_{\xi_1}) = \left(I + \frac{m_1^{\mathrm{pc},1}}{s} + \mathcal{O}(s^{-2})\right)s^{i\nu(\xi_1)\sigma_3}e^{-is^2\sigma_3/4}, \quad s \to \infty.$$

类似于文献 [64,66], 上述 RHP 可以转化为 Weber 方程, 由此给出 $\Psi(s;r_{\xi_1})=(\Psi_{jl})_{j,l=1}^2$ 用柱面函数表示的解, 利用 (5.3.21), 得到 RHP 5.3.5 的渐近性. 进一步, $m^{\mathrm{pc},2}(s;r_{\xi_2})$ 的渐近性可类似得到, 因此我们获得如下渐近公式

$$m^{\mathrm{pc}},k(s;r_{\xi_k})=I+\frac{m^{\mathrm{pc}},k_1}{s}+\mathcal{O}(s^{-2}),\quad s\to\infty,$$

其中

$$m^{\mathrm{pc}},k_1=\begin{pmatrix}0 & -i\varepsilon_k\beta_{12}^{\xi_k}\\ i\varepsilon_k\beta_{21}^{\xi_k} & 0\end{pmatrix},\tag{5.3.23}$$

以及

$$\begin{aligned}&\beta_{12}^{\xi_k}=\frac{(2\pi)^{\frac{1}{2}}e^{\frac{(2k-1)\pi i}{4}}e^{\frac{-\pi\varepsilon_k\nu(\xi_k)}{2}}}{-r_{\xi_k}\Gamma(-i\varepsilon_k\nu(\xi_k))},\quad \beta_{12}^{\xi_k}\beta_{21}^{\xi_k}=\nu(\xi_k),\quad \varepsilon_k=(-1)^{k+1},\\ &\arg\beta_{12}^{\xi_k}=\frac{(2k-1)\pi}{4}-\arg r_{\xi_k}+\arg\Gamma(i\varepsilon_k\nu(\xi_k)).\end{aligned}$$

注 5.3.1 由上面计算看出, 渐近结果 (5.3.23) 独立于跳跃线打开的角度 $|\phi(\xi)|<\pi/4$.

注 5.3.2 对原始的 RHP 3.2.1, 矩阵函数 $m(z)$ 具有圆周对称性

$$m(z)=z^{-1}m(z^{-1})\sigma_1.\tag{5.3.24}$$

然而对局部模型 RHP 5.3.2, 矩阵函数 $m^{\mathrm{lo}}(z)$ 不具备类似 (5.3.24) 的圆周对称. 因此在相位点 ξ_1 的模型 $m^{\mathrm{pc},1}(z)$ 的值不能利用圆周对称从在相位点 ξ_2 的模型 $m^{\mathrm{pc},2}(z)$ 得到. 上述两个模型需要分别计算, 本质原因在于圆周对称不能像虚轴 $i\mathbb{R}$ 对称那样保持.

5.3.3 误差估计——小范数 RH 问题

定义误差函数

$$E(z)=\begin{cases}m_{\mathrm{RHP}}^{(2)}(z)(m^{\mathrm{out}})^{-1}(z), & z\in\mathbb{C}\backslash\mathcal{U}_\xi,\\ m_{\mathrm{RHP}}^{(2)}(z)(m^{\mathrm{lo}})^{-1}(z)(m^{\mathrm{out}})^{-1}(z), & z\in\mathcal{U}_\xi.\end{cases}\tag{5.3.25}$$

其满足如下 RH 问题.

RHP 5.3.7 寻找矩阵函数 $E(z)$ 满足

▶ 对称性: $E(z)$ 在 $\mathbb{C}\backslash\Sigma^E$ 解析, 其中 $\Sigma^E=\partial\mathcal{U}_\xi\cup\left(\Sigma^{(2)}\setminus\mathcal{U}_\xi\right)$.

▶ 跳跃条件:

$$E_+(z) = E_-(z)v^E(z), \quad z \in \Sigma^E,$$

其中跳跃矩阵为

$$v^E(z) = \begin{cases} m^{\text{out}}(z)v^{(2)}(z)(m^{\text{out}})^{-1}(z), & z \in \Sigma^{(2)} \backslash \mathcal{U}_\xi, \\ m^{\text{out}}(z)m^{\text{lo}}(z)(m^{\text{out}})^{-1}(z), & z \in \partial \mathcal{U}_\xi, \end{cases} \tag{5.3.26}$$

见图 5.4.

▶ 渐近性: $E(z) = I + \mathcal{O}(z^{-1}), \quad z \to \infty.$

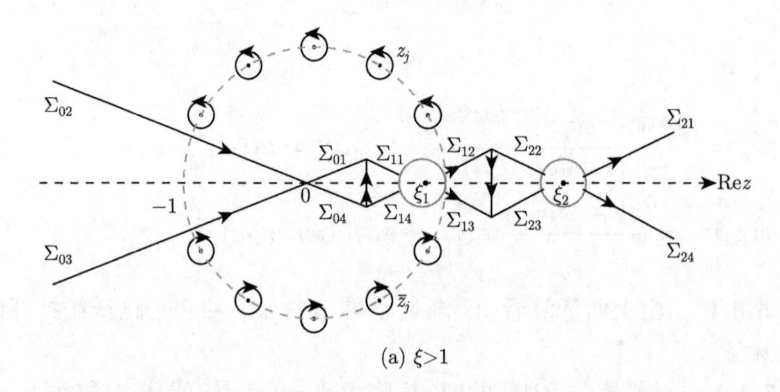

(a) $\xi>1$

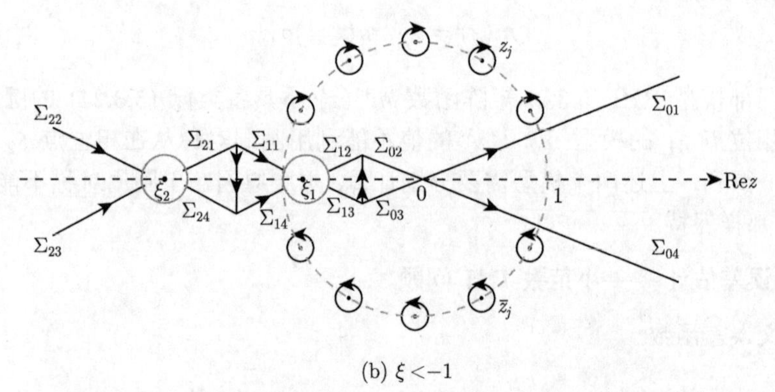

(b) $\xi<-1$

图 5.4　$E(z;\xi)$ 的跳跃矩阵 Σ^E, ξ_k 附近的圆圈为 $\partial\mathcal{U}_{\xi_k}(k=1,2)$

矩阵函数 $E(z)$ 的跳跃矩阵有如下估计.

命题 5.3.6

$$|v^E(z) - I| = \begin{cases} \mathcal{O}(e^{-c_\rho t}), & z \in \Sigma^{(2)} \backslash \mathcal{U}_\xi, \\ \mathcal{O}(t^{-1/2}), & z \in \partial \mathcal{U}_\xi. \end{cases} \tag{5.3.27}$$

证明 由于 m^{out} 有界, 对 $z\in\Sigma^{(2)}\backslash\mathcal{U}_\xi$, 有

$$|v^E(z)-I|\lesssim|v^{(2)}(z)-I|\lesssim e^{-c_\rho t},\tag{5.3.28}$$

对 $z\in\partial\mathcal{U}_{\xi_k}$, 有

$$|v^E(z)-I|\lesssim|m^{\mathrm{lo},k}(z)-I|\lesssim t^{-1/2}.$$ □

根据 Beal-Coifman 理论, 我们可以分解跳跃为 $v^E(z)=(b_-)^{-1}b_+$, 其中

$$b_-=I,\quad b_+=v^E,\quad w_-=0,\quad w_+=v^E-I.$$

定义 Cauchy 积分算子 $C_w:L^2(\Sigma^E)\to L^2(\Sigma^E)$

$$C_wf=C_-\left(f\left(v^E-I\right)\right),\tag{5.3.29}$$

其中 C_- 为在 Σ^E 上的 Cauchy 积分投影算子

$$C_-f(z)=\lim_{z'\to z\in\Sigma^E}\frac{1}{2\pi i}\int_{\Sigma^E}\frac{f(s)}{s-z'}ds,\tag{5.3.30}$$

并且 RHP 5.3.7 的解可表示为

$$E(z)=I+\frac{1}{2\pi i}\int_{\Sigma^E}\frac{\mu(s)\left(v^E-I\right)}{s-z}ds,$$

其中 $\mu\in L^2\left(\Sigma^E\right)$ 满足 $(I-C_w)\mu=I$. 并有如下估计

$$||\mu-I||_{L^2(\Sigma^E)}=\mathcal{O}(t^{-1/2}),\quad ||v^E-I||_{L^2(\Sigma^E)}=\mathcal{O}(t^{-1/2}).\tag{5.3.31}$$

由此进一步得到 $||C_w||_{L^2(\Sigma^E)}=\mathcal{O}(t^{-1/2})$, 从而 RHP 5.3.7 的解存在唯一. 对 $E(z)$ 在无穷远做渐近展开

$$E(z)=I+\frac{E_1}{z}+\mathcal{O}\left(z^{-1}\right),\tag{5.3.32}$$

其中

$$E_1=-\frac{1}{2\pi i}\int_{\Sigma^E}\mu(s)\left(v^E(s)-I\right)ds.\tag{5.3.33}$$

利用 (5.3.26) 和 (5.3.33), E_1 具有如下渐近性.

命题 5.3.7

$$E_1(x,t)=\sum_{k=1}^{2}\frac{m^{\mathrm{out}}m_1^{\mathrm{pc},k}(s;r_{\xi_k})(m^{\mathrm{out}})^{-1}}{\sqrt{2t\theta''(\xi_k)\varepsilon_k}}+\mathcal{O}(t^{-1}).\tag{5.3.34}$$

5.4 来自纯 $\bar{\partial}$-问题的贡献

这节考虑 $\bar{\partial}$-问题 $m^{(3)}$ 的渐近性. 定义函数

$$m^{(3)}(z) = m^{(2)}(z)\left(m^{(2)}_{\mathrm{RHP}}(z)\right)^{-1}, \tag{5.4.1}$$

其满足如下 RH 问题.

RHP 5.4.1 寻找矩阵函数 $m^{(3)}(z)$ 满足

▶ 解析性: $m^{(3)}(z)$ 在 $\mathbb{C}$ 连续, 在 $\mathbb{C}\backslash\left(\mathbb{R}\cup\Sigma^{(2)}\right)$ 有连续的一阶导数.

▶ 渐近性: $m^{(3)}(z) = I + \mathcal{O}(z^{-1})$, $z\to\infty$.

▶ $\bar{\partial}$-导数: $\bar{\partial}m^{(3)}(z) = m^{(3)}(z)W^{(3)}(z)$, $z\in\mathbb{C}$, 其中

$$W^{(3)}(z) := m^{(2)}_{\mathrm{RHP}}(z)\bar{\partial}R^{(2)}(z)\left(m^{(2)}_{\mathrm{RHP}}(z)\right)^{-1},$$

而 $\bar{\partial}R^{(2)}(z)$ 由 (5.2.24) 给出.

证明 $m^{(3)}$ 的渐近性和 $\bar{\partial}$-导数可由 $m^{(2)}$ 和 $m^{(2)}_{\mathrm{RHP}}(z)$ 的性质推出. 由于 $m^{(2)}$ 和 $m^{(2)}_{\mathrm{RHP}}(z)$ 有相同的跳跃, 因此 $m^{(3)}$ 没有跳跃. 进一步参考文献 [61] 关于 $\bar{\partial}$ 的证明, 可以证明 $m^{(3)}$ 没有奇性点. □

$m^{(3)}$ 的解可表示为下列积分方程

$$m^{(3)}(z) = I - \frac{1}{\pi}\iint_{\mathbb{C}}\frac{m^{(3)}(s)W^{(3)}(s)}{s-z}\,dA(s), \tag{5.4.2}$$

其中 $dA(s)$ 为在 $\mathbb{C}$ 的 Lebesgue 测度. 定于积分算子:

$$Sf(z) = \frac{1}{\pi}\iint\frac{f(s)W^{(3)}(s)}{s-z}\,dA(s). \tag{5.4.3}$$

则方程 (5.4.2) 可改写为算子形式

$$(I-S)m^{(3)}(z) = I. \tag{5.4.4}$$

如下命题给出积分算子 S 的范数估计.

命题 5.4.1 对 $|\xi|>1$, $\xi=\mathcal{O}(1)$, 以及充分大的 t, 算子 S 具有估计

$$||S||_{L^\infty\to L^\infty}\lesssim t^{-1/4}. \tag{5.4.5}$$

这表明 $(I-S)^{-1}$ 存在, 从而算子方程 (5.4.4) 的解存在唯一.

证明 这里只证明情况 $z\in\Omega_{21}$，其他情况类似证明. 对 $f\in L^\infty(\Omega_{21})$, 并记

$$s=u+iv,\quad u>\xi_2,\quad u>v,\quad z=\alpha+i\eta,$$

则直接计算, 得到

$$|S(f)|\lesssim ||f||_{L^\infty}||m^{(2)}_{\mathrm{RHP}}||^2_{L^\infty}\iint_{\Omega_{21}}\frac{|\bar{\partial}R_{22}|e^{-\mathrm{Re}(2it\theta)}}{|s-z|}dA(s)\lesssim I_1+I_2, \tag{5.4.6}$$

其中

$$I_1=\iint_{\Omega_{21}}\frac{|r'(u)|e^{-\mathrm{Re}(2it\theta)}}{|s-z|}dA(s),\quad I_2=\iint_{\Omega_{21}}\frac{|s-\xi_2|^{-1/2}e^{-\mathrm{Re}(2it\theta)}}{|s-z|}dA(s).$$

根据渐近展开 (5.3.14), 有

$$e^{-\mathrm{Re}(2it\theta)}=e^{2t\theta''(\xi_2)(u-\xi_2)v},\quad t\to\infty. \tag{5.4.7}$$

因此

$$\begin{aligned}I_1&\leqslant\int_0^\infty e^{2t\theta''(\xi_2)v^2}|r'(u)||(s-z)^{-1}|\,dv\\&\leqslant\int_0^\infty e^{2t\theta''(\xi_2)v^2}||r'||_{L^2(v+\xi_2,\infty)}||(s-z)^{-1}||_{L^2(v+\xi_2,\infty)}\,dv,\end{aligned}$$

其中

$$||(s-z)^{-1}||_{L^2(v+\xi_2,\infty)}\leqslant\int_{-\infty}^\infty\frac{1}{(u-\alpha)^2+(v-\eta)^2}du=\frac{\pi}{|v-\eta|},$$

因此, 我们得到估计

$$I_1\lesssim t^{-1/4}. \tag{5.4.8}$$

进一步估计 I_2,

$$\begin{aligned}I_2&\leqslant\int_0^\infty e^{2t\theta''(\xi_2)v^2}|s-\xi_2|^{-1/2}|s-z|^{-1}dv\\&\leqslant\int_0^\infty e^{2t\theta''(\xi_2)v^2}||(|s-\xi_2|)^{-1/2}||_{L^p(v+\xi_2,\infty)}||(s-z)^{-1}||_{L^q(v+\xi_2,\infty)}dv\end{aligned}$$

其中 $p>2$, $p^{-1}+q^{-1}=1$. 容易得到

$$||(|s-\xi_2|)^{-1/2}||_{L^p(v+\xi_2,\infty)}=\left(\int_{v+\xi_2}^\infty\frac{1}{|u-\xi_2+iv|^{p/2}}du\right)^{1/p}=\left(\int_v^\infty\frac{1}{(u^2+v^2)^{p/4}}du\right)^{1/p}$$

$$= v^{1/p-1/2}\left(\int_1^\infty \frac{1}{(1+x^2)^{p/4}}dx\right) \lesssim v^{1/p-1/2}.$$

类似地, 可得到估计

$$||(s-z)^{-1}||_{L^q(v+\xi_2,\infty)} \lesssim |v-\eta|^{1/q-1}. \tag{5.4.9}$$

则有 $|I_2| \lesssim t^{-1/4}$, 结合 (5.4.8) 和 (5.4.6) 得到 (5.4.5). □

下面考虑 $t\to\infty$ 时 $m^{(3)}$ 的渐近性, 对 $m^{(3)}(z)$ 做 Taylor 展开

$$m^{(3)}(z) = I + \frac{m_1^{(3)}(x,t)}{z} + \mathcal{O}(z^{-2}), \tag{5.4.10}$$

其中

$$m_1^{(3)}(x,t) = \frac{1}{\pi}\iint_{\mathbb{C}} m^{(3)}(s)W^{(3)}(s)\,dA(s)$$

估计如下.

命题 5.4.2 对 $|\xi|>1$, 有如下估计

$$|m_1^{(3)}(x,t)| \lesssim t^{-3/4}, \quad t\to\infty.$$

证明 只证明情况 $z\in\Omega_{21}$, 其他情况类似证明. $m_{\mathrm{RHP}}^{(2)}$ 在区域 Ω_{21} 中有界. 类似命题 5.4.1 的证明, 令 $s=u+iv$, $u>\xi_2$, $u>v$. 则 $m_1^{(3)}$ 有下列估计

$$|m_1^{(3)}| \lesssim \frac{1}{\pi}||m^{(3)}||_{L^\infty}||m_{\mathrm{RHP}}^{(2)}||_{L^\infty}^2 \iint_{\Omega_{21}} |\bar\partial R_{21}e^{-2it\theta}|\,dA(s) \lesssim I_3+I_4, \tag{5.4.11}$$

其中

$$I_3 = \iint_{\Omega_{21}} |r'(u)|e^{2t\theta''(\xi_2)(u-\xi_2)v}\,dA(s),$$

$$I_4 = \iint_{\Omega_{21}} |s-\xi_2|^{-1/2}e^{2t\theta''(\xi_2)(u-\xi_2)v}\,dA(s).$$

利用 Cauchy-Schwarz 不等式, 有

$$|I_3| \leqslant \int_0^\infty ||r'(u)||_{L^2(v+\xi_2,\infty)}\left(\int_{v+\xi_2}^\infty e^{4t\theta''(\xi_2)(u-\xi_2)v}\,du\right)^{1/2} dv \lesssim t^{-3/4}. \tag{5.4.12}$$

对 $2<p<4$, $1/p+1/q=1$, 利用 (5.4.9), 有

$$|I_4| \leqslant \int_0^\infty v^{1/p-1/2}\left(\int_v^\infty e^{2t\theta''(\xi_2)quv}\,du\right)^{1/q} dv \lesssim t^{-3/4}.$$ □

5.5 在区域 $|x/t|>2$ 中的大时间渐近性

基于前几节获得的结果, 我们构造 NLS 方程 Cauchy 问题 (1.0.1)-(1.0.2) 解的大时间渐近性, 主要结果如下.

定理 5.5.1 设 $q(x,t)$ 为 NLS 方程 Cauchy 问题 (1.0.1)-(1.0.2) 解, 其中初值 $q_0(x)\in\tanh(x)+H^{4,4}(\mathbb{R})$. 则对 $|\xi|>1$, $\xi=\mathcal{O}(1)$, 存在 $T_0=T_0(q_0,\xi)$ 使得 $t>T_0$,

$$q(x,t)=e^{-i\alpha(\infty)}\left(1+t^{-1/2}h(x,t)\right)+\mathcal{O}\left(t^{-3/4}\right), \tag{5.5.1}$$

其中

$$\alpha(\infty)=\exp\left(\int_{I(\xi)}\frac{\nu(s)}{s}ds\right), \tag{5.5.2}$$

$$h(x,t)=\frac{(\nu(\xi_1))^{1/2}}{2\sqrt{t\pi}\,(1-\xi_1^2)\,i}\left[\frac{\xi_1^2e^{-i\Phi_1}+e^{i\Phi_1}}{\sqrt{|\theta''(\xi_1)|}}+\frac{e^{-i\Phi_2}+\xi_1^2e^{i\Phi_2}}{\sqrt{|\theta''(\xi_1^{-1})|}}\right], \tag{5.5.3}$$

以及

$$\nu(z)=-\frac{1}{2}\log(1-|r(z)|^2),\quad \Phi_1=\frac{\pi}{4}+\arg\Gamma(i\nu(\xi_1))-\arg(r_{\xi_1}),\quad \Phi_2=\Phi_1+\alpha-i\nu(\xi_1),$$

$$\alpha=\frac{\pi}{2}+4t\theta(\xi_1)+\nu(\xi_1)\log\left(4t^2|\theta''(\xi_1)\theta''(\xi_1^{-1})|\right)+2\arg\Gamma(i\nu(\xi_1))+2\arg\frac{T_1(\xi_1)}{T_2(\xi_1^{-1})},$$

而 $T_k(z)(k=1,2)$ 由 (5.1.8) 给出.

证明 回顾所做的一系列变换 (5.1.16), (5.2.19), (5.3.3) 和 (5.4.1), 有

$$m(z)=T(\infty)^{\sigma_3}m^{(3)}(z)E(z)m^{\text{out}}(z)\left(R^{(2)}\right)^{-1}(z)T(z)^{-\sigma_3}. \tag{5.5.4}$$

在 $z\to\infty$ 做渐近展开

$$\begin{aligned}m(z)&=T(\infty)^{\sigma_3}\left(I+\frac{m_1^{(3)}}{z}+\cdots\right)\left(I+\frac{E_1}{z}+\cdots\right)\\&\quad\times\left(I+\frac{m_1^{\text{out}}}{z}+\cdots\right)\left(I+\frac{T_1\sigma_3}{z}+\cdots\right)T(\infty)^{-\sigma_3}\\&=I+z^{-1}T(\infty)^{\sigma_3}\left[m_1^{(3)}+E_1+m_1^{\text{out}}+T_1\sigma_3\right]T(\infty)^{-\sigma_3}+\mathcal{O}(z^{-2}).\end{aligned}$$

利用重构公式 (3.2.5), 得到

$$q(x,t) = T(\infty)^{-2}\left(1 + t^{-1/2}h(x,t)\right) + \mathcal{O}(t^{-3/4}), \tag{5.5.5}$$

其中 $T(\infty)^{-2}$ 可以写为如下形式

$$T(\infty)^{-2} = \exp\left(-2i\int_{I(\xi)} \frac{\nu(s)}{2s}\, ds\right) = e^{-i\alpha(\infty)}. \tag{5.5.6}$$

于是得到渐近结果 (5.5.1). □

参考文献

[1] Sipe J E, Winful H G. Nonlinear Schrödinger solitons in a periodic structure. Optics Lett., 1988, 13: 132-133.

[2] Garcia-Ripoll J J, Perez-Garcia V M. Extended parametric resonances in nonlinear Schrödinger systems. Phys. Rev. Lett., 1999, 83: 1715-1718.

[3] Kartashov Y, Malomed B A, Torner L. Solitons in nonlinear lattices. Rev. Mod. Phys., 2011, 83: 247.

[4] Mihalache D. Multidimensional localized structures in optics and Bose-Einstein condensates: A selection of recent studies. Rom. J. Phys., 2014, 59: 295-312.

[5] Bagnato V S, Frantzeskakis D J, Kevrekidis P G, Malomed B A, Mihalache D. Bose-Einstein condensation: Twenty years after. Rom. Rep. Phys., 2015, 67: 5-50.

[6] Liu J, Jin D Q, Zhang X L, Wang Y Y, Dai C Q. Excitation and interaction between solitons of the three-spine α-helical proteins under non-uniform conditions. Optik, 2018, 158: 97-104.

[7] Tsutsumi Y. L^2-solutions for nonlinear Schrödinger equations and nonlinear groups. Funkcial. Ekvac., 1987, 30: 115-125.

[8] Bourgain J. Global solutions of nonlinear Schrödinger equations. American Mathematical Society Colloquium Publications. 46. Providence: American Mathematical Society, 1999.

[9] Zahkarov V E, Shabat A B. Exact theory of two-dimensional self-focusing and one-dimensional self-modulation of waves in nonlinear media. Sov. Phys. JETP, 1972, 34: 62-69.

[10] Gardner C S, Greene J M, Kruskal M D, Miura R M. Method for solving the KdV equation. Phys. Rev. Lett., 1967, 19: 1095-1097.

[11] Lax P D. Integrals of nonlinear equations of evolution and solitary waves. Commun. Pure Appl. Math, 1968, 21: 467-490.

[12] Eckhaus W, Harten A V. The Inverse Scattering Transformation and the Theory of Solitons: An Introduction. New York: Elsevier Science Ltd, 1981.

[13] Chadan K, Colton D, Pivrinta L, Rundell W. An Introduction to Inverse Scattering and Inverse Spectral Problems. Philadelphia: Society for Industrial and Applied Mathematics, 1987.

[14] Faddeev L D, Takhtajan L A. Hamiltonian Methods in the Theory of Solitons. New York: Springer, 1987.

[15] Novikov S, Manakov S V, Pitaevskii L P, Zakharov V E. Theory of Solitons: The Inverse Scattering Method. New York, London: Springer, 1984.

[16] 郭柏灵, 庞小峰. 孤立子. 北京: 科学出版社, 1986.

[17] 谷超豪. 孤立子理论与应用. 杭州: 浙江科技出版社, 1990.

[18] 陈登远. 孤子引论. 北京: 科学出版社, 2006.

[19] Shabat A B. Inverse scattering problem for a system of differential equations. Funk. Anal. Prilozh, 1975, 9: 75-78 [In English, Func. Anal. Appl. 1975, 9: 244-247].

[20] Zakharov V E, Shabat A B. A scheme for integrating the nonlinear equations of mathematical physics by the method of the inverse scattering problem. II. Funk. Anal. Pril., 1979, 13: 13-22[In English, Func. Anal. Appl., 1980, 13: 166-174].

[21] Biondini G, Kovaci G. Inverse scattering transform for the focusing nonlinear Schrödinger equation with nonzero boundary conditions. J. Math. Phys., 2014, 55: 031506.

[22] Kraus D, Biondini G, Kovacic G. The focusing Manakov system with nonzero boundary conditions. Nonlinearity, 2015, 28: 3101-3151.

[23] Pichler M, Biondini G. On the focusing non-linear Schrödinger equation with non-zero boundary conditions and double poles. IMA. J. Appl. Math., 2017, 82: 131-151.

[24] Biondini G, Mantzavinos D. Long-time asymptotics for the focusing nonlinear Schrödinger equation with nonzero boundary conditions at infinity and asymptotic stage of modulational instability. Commun. Pure Appl. Math., 2017, 70: 2300-2365.

[25] Bilman D, Miller P. A robust inverse scattering transform for the focusing nonlinear Schrödinger Equation. Commun. Pure Appl. Math., 2019, 72: 1722-1805.

[26] Zhao P, Fan E G. Finite gap integration of the derivative nonlinear Schrödinger equation: A Riemann-Hilbert method. Phys. D, 2020, 402: 132213.

[27] Zhang G Q, Yan Z Y. Focusing and defocusing mKdV equations with nonzero boundary conditions: Inverse scattering transforms and soliton interactions. Phys. D, 2020, 410: 132521.

[28] Weng W F, Yan Z Y. Inverse scattering and N-triple-pole soliton and breather solutions of the focusing nonlinear Schrödinger hierarchy with nonzero boundary conditions. Phys. Lett. A, 2021, 407: 127472.

[29] Wang D S, Zhang D J, Yang J K. Integrable properties of the general coupled nonlinear Schrödinger equations. J. Math. Phys., 2010, 51: 023510.

[30] Yang J K. Nonlinear Waves in Integrable and Nonintegrable Nonlinear Systems. Philadelphia: SIAM, 2010.

[31] Xiao Y, Fan E G. A Riemann-Hilbert approach to the Harry-Dym equation on the line. Chin. Ann. Math., 2016, 37B: 1-12.

[32] Yang B, Chen Y. High-order soliton matrices for Sasa-Satsuma equation via local Riemann-Hilbert problem. Nonlinear Anal. Real World Appl. 2019, 45: 918-941.

[33] Zabusky N J, Kruskal M D. Interaction of solitons in a collisionless plasma and the recurrence of initial states. Phys. Rev. Lett., 1965, 15: 240-243.

[34] Tao T. Why are solitons stable? Bull. A. M. S., 2009, 46: 1-33.

[35] Chatterjee S. Invariant measures and the soliton resolution conjecture. Commun. Pure Appl. Math., 2014, 67: 1737-1842.

[36] Duyckaerts T, Jia H, Kenig C, Merle F. Soliton resolution along a sequence of times for the focusing energy critical wave equation. Geom. Funct. Anal., 2017, 27: 798-862.

[37] 范恩贵. 可积系统、正交多项式和随机矩阵——Riemann-Hilbert 方法. 北京: 科学出版社, 2022.

[38] Zakharov V E, Manakov S V. Asymptotic behavior of non-linear wave systems integrated by the inverse scattering method. Sov. Phys. JETP, 1976, 44: 106-112, 5.

[39] Its A R. Asymptotics of solutions of the nonlinear Schrödinger equation and isompnpdromic deformations of systems of linear equation. Sov. Math. Dokl., 1981, 24: 452-456.

[40] Deift P A, Zhou X. A steepest descent method for oscillatory Riemann-Hilbert problems. Ann. Math., 1993, 137: 295-368.

[41] de Monvel A B, Shepelsky D. A Riemann-Hilbert approach for the Degasperis- Procesi equation. Nonlinearity, 2013,26: 2081-2107.

[42] de Monvel A B, Kostenko A, Shepelsky D, Teschl G. Long-time asymptotics for the Camassa-Holm equation SIAM J. Math. Anal., 2009, 41: 1559-1588.

[43] Grunert K, Teschl G. Long-time asymptotics for the Korteweg de Vries equation via nonlinear steepest descent. Math. Phys. Anal. Geom., 2009, 12: 287-324.

[44] Lenells J. The nonlinear steepest descent method for Riemann-Hilbert problem of low regularity. SIAM J. Math. Anal., 2016, 48: 2076-2118.

[45] Xu J, Fan E G. Long-time asymptotics for the Fokas-Lenells equation with decaying initial value problem: Without solitons. J. Differential Equations, 2015, 259: 1098-1148.

[46] Liu H, Geng X G, Xue B. The Deift-Zhou steepest descent method to long-time asymptotics for the Sasa-Satsuma equation. J. Differential Equations, 2018, 265: 5984-6008.

[47] Huang L, Lenells J. Nonlinear Fourier transformation for the sine-Gordon equation in the quarter plane. J. Differential Equations, 2018, 264: 3445-3499.

[48] Guo B L, Liu N. The Gerdjikov-Ivanov type derivative nonlinear Schrödinger equation: Long-time dynamics of nonzero boundary conditions. Math Meth. Appl. Sci., 2019, 42: 4839-4861.

[49] Xu J, Fan G G. Long-time asymptotic behavior for the complex short pulse equation. J. Differential Equations, 2020, 269: 10322-10349.

[50] Geng X G, Wang K D, Chen M M. Long-Time asymptotics for the spin-1 Gross-Pitaevskii equation. Commun. Math. Phys., 2021, 382: 585-611.

[51] Liu N, Guo B L. Painlevé-type asymptotics of an extended modified KdV equation in transition regions. J. Differential Equations, 2021, 280: 203-235.

[52] Deift P A, Zhou X. Long-time behavior of the non-focusing nonlinear Schrödinger equation, a case study. Lectures in Mathematical Sciences, New Ser., vol.5. Graduate School of Mathematical Sciences, University of Tokyo, 1994.

[53] Deift P A, Zhou X. Long-time asymptotics for integrable systems. Higher order theory. Commun. Math. Phys., 1994, 165: 175-191.

[54] Deift P A, Zhou X. Long-time asymptotics for solutions of the NLS equation with initial data in a weighted Sobolev space. Commun. Pure Appl. Math., 2003, 56: 1029-1077.

[55] Vartanian A H. Long-time asymptotics of solutions to the Cauchy problem for the defocusing nonlinear Schrödinger equation with finite-density initial data. I. Solitonless sector// Recent Developments in Integrable Systems and Riemann-Hilbert Problems (Birmingham, AL, 2000), Contemp. Math., 326. Providence: AMS, 2003.

[56] Vartanian A H. Long-time asymptotics of solutions to the Cauchy problem for the defocusing nonlinear Schrödinger equation with finite-density initial data. II. Dark solitons on continua. Math. Phys. Anal. Geom., 2002, 5: 319-413.

[57] Vartanian A H. Exponentially small asymptotics of solutions to the defocusing nonlinear Schrödinger equation. Appl. Math. Lett., 2003, 16: 425-434.

[58] Dieng M, McLaughlin K T R. Dispersive asymptotics for linear and integrable equations by the Dbar steepest descent method. Nonlinear Dispersive Partial Differential Equations and Inverse Scattering. Fields Inst. Commun., 83. New York: Springer, 2019: 253-291.

[59] Jenkins R. Regularization of a sharp shock by the defocusing nonlinear Schrödinger equation. Nonlinearity, 2015, 28: 2131-2180.

[60] Fromm S, Lenells J, Quirchmayr R. The defocusing nonlinear Schrödinger equation with step-like oscillatory initial data. arXiv:2104.03714.

[61] Cuccagna S, Jenkins R. On the asymptotic stability of N-soliton solutions of the defocusing nonlinear Schrödinger equation. Commun. Math. Phys., 2016, 343(3): 921-969.

[62] McLaughlin K T R, Miller P D. The $\bar{\partial}$steepest descent method and the asymptotic behavior of polynomials orthogonal on the unit circle with fixed and exponentially varying non-analytic weights. Int. Math. Res. Not., 2006: 48673.

[63] McLaughlin K T R, Miller P D. The $\bar{\partial}$ steepest descent method for orthogonal polynomials on the real line with varying weights. Int. Math. Res. Not., 2008: 75.

[64] Borghese M, Jenkins R, McLaughlin K T R, Miller P. Long-time asymptotic behavior of the focusing nonlinear Schrödinger equation. Ann. I. H. Poincaré-Anal., 2018, 35: 887-920.

[65] Jenkins R, Liu J, Perry P, Sulem C. Soliton resolution for the derivative nonlinear Schrödinger equation. Commun. Math. Phys., 2018, 363: 1003-1049.

[66] Liu J Q. Long-time behavior of solutions to the derivative nonlinear Schrödinger equation for soliton-free initial data. Ann. I. H. Poincaré-Anal., 2018, 35: 217-265.

[67] Yang Y L, Fan E G. Soliton resolution for the short-pulse equation. J. Differential Equations, 2021, 280: 644-689.

[68] Yang Y L, Fan E G. On the long-time asymptotics of the modified Camassa-Holm equation in space-time solitonic regions. Adv. Math., 2022, 402: 108340.

[69] Cheng Q Y, Fan E G. Long-time asymptotics for the focusing Fokas-Lenells equation in the solitonic region of space-time. J. Differential Equations, 2022, 309: 883-948.

[70] Xun W K, Fan E G. Long-time and Painleve-type asymptotics for the Sasa-Satsuma equation in solitonic space time regions. J. Differential Equations, 2022, 329: 89-130.

[71] Wang Z Y, Fan E G. The defocusing NLS equation with nonzero background: Large-time asymptotics in the solitonless region. J. Differential Equations, 2022, 336: 334-373.

[72] Deift P A, Park J. Long-Time asymptotics for solutions of the NLS equation with a delta potential and even initial data. Int. Math. Res. Not. 2011, 24: 5505-5624.

索　引